新未来

U0178634

———————— 想象，比知识更重要

幻 象 文 库 ——————————

拉马克的复仇

[美]彼得·沃德 著

赵佳媛 译

Lamarck's Revenge

PETER WARD

表观遗传学的大变革

How Epigenetics Is Revolutionizing
Our Understanding of Evolution's Past and Present

新 星 出 版 社　NEW STAR PRESS

序 内华达的侏罗纪公园

　　内华达州西部有一处山坡，嶙峋粗粝，就算现在看来和一个世纪前可能也并无二致。当时的这里，层状岩石差互交错，形成一片杂乱不堪的地质景观。矿工们一脸尘土，不断砍凿，孤注一掷地在沉积岩中寻找金属的踪迹。2.25 亿年到 1.9 亿年前，这些地层刚沉积形成热带浅海海床，金属矿石显然还无迹可寻；但数百万年后（距今也仍有数百万年），整个北科迪勒拉山系的巨大的褶皱和挤压作用将这些深埋的地层及其包裹的化石从几英里深的埋藏地中托举而出，在这些构造作用肆虐的过程中，岩石上产生了裂隙和岩缝，来自地球更深处的富含金属成分的流体间或侵入，最终也变成了岩石，但这一次的岩石被金、铅以及最为丰富的银充斥，形成了康斯托克矿脉（Comstock Lode）。人们在 1859 年宣布了这一重大发现，接着，埃尔多拉多峡谷（Eldorado Canyon）、奥斯汀（Austin）、尤里卡（Eureka）以及皮奥奇（Pioche）等矿山也都于十九世纪六十年代被发现。这里现世的财富让人们趋之若鹜，包括来自世界各地的男人以及那些亦步亦趋苦命的女人们。

　　内华达州的矿工们曾搜寻着银矿的蛛丝马迹，这是该州最珍贵的矿藏。在那片地方，一眼望去，到处是坑坑洼洼，布满了斑驳的坑洞和幽深的矿井，就像随机分布的黑白波尔卡圆点，见证着那些被鹤嘴镐一次次挥击或炸药一次次爆破而移除的无数吨岩石。尽管矿工们满怀热切埋头苦干，他们得到的除了穷困还是穷困。到二十世纪初，土地恢复了原貌。在内华达州银矿热过去一个世纪后的今天，新一代的"矿工"出现了，但他们的目标绝不是一夜暴富，他们所寻找的财富是这些岩石化石记录中的信息和数据，而最好的搜索地点之一，也是这片山区景观中最深的沟谷之一，很久以前，它被戏称为纽约峡谷。

其实这里并没什么特别之处能让人想到纽约，不管是纽约州还是纽约市。唯一的"白色大道"①来自白色的石灰岩，它们反射着终年酷热的内华达阳光。这些岩石中当然没有银，反正在这个峡谷中没有，但是，取而代之的是科学上的金矿——这些信息能帮助回答一个萦绕多年的科学之谜。

要是查尔斯·达尔文（Charles Darwin）知道纽约峡谷的化石记录，他一定高兴不起来，因为这一化石序列与他的理论相矛盾，他的理论认为，化石应该是一个"潜移默化的系列"[1]形态，显示了从一个物种到另一个物种的缓慢变化。事实上，达尔文临终之前已然明白，在大多数情况下，化石序列都确凿地表明，从一个化石物种到另一个的转换根本不是渐进的。一种化石物种上所覆盖的是另一种完全不同的化石，这绝对无法捏造出来。

在纽约峡谷搜寻这些岩石的现代搜索者们是化石记录专家，他们一则是为了检验达尔文的理论，二则是为了更好地了解最重大的地质事件之一——这个峡谷和周围地区的沉积记录为地球曾经的五次大灭

---

①纽约市百老汇大道的别称，最初是因为这是纽约最早亮灯的街道，而后整条街上剧院使用的白色灯光令百老汇街真正成为不夜的白光大道。——译者注

绝之一[2]提供了证据。所谓大灭绝，指的是地球上大部分种类的生命在短期内湮灭的事件。还有些则是来探究是否能从古代的大灭绝中得出一些知识和启示，来应对正在发生着的第六次大灭绝。无可争议的，约2亿年前发生过一场席卷全世界的大规模物种灭绝。但不久后发生的事才是这一谜团的核心。在被认为是早侏罗纪的时代，一个世界从灾变中涅槃，从一个了无生机的地方兴起，这个地方一度除了微生物，已经没什么物种或任何形式的生物个体了。达尔文的理论无法解释化石数据。新物种像是从旧物种的墓穴里跳了出来。大规模的死亡之后生命是怎会如此迅速复苏的呢？

峡谷深处，不计其数的岩层中并没有任何化石。但岩壁更远处，却有一些有史以来最为壮丽的化石：卷曲带腔的菊石贝壳，它们算是鹦鹉螺的后代，形似现生的珍珠鹦鹉螺。化石一层层，标本一件件，这些美丽的菊石化石被收集起来，予以编号，然后用二十一世纪强大的定量形态学及定量变化的手段加以观察。研究形态变化的方法可比达尔文那时的方法给力多了，但即使采用这些方法，这些物种的出现还是显得十分突然。"突然"这一措辞充分描述了形态多样、数量丰富，并明显缺乏化石祖先的物种的出现。这种迅速繁盛的全新物种，为来自侏罗纪初期的最古老的岩石增添了光彩，而且，它们还不仅仅出现在内华达州。[3]

在全球任何一个具有最早的侏罗纪海相地层的地方，给出的信息都是一样的：新物种出现得太过迅速，无法用现有理论解释。这不仅是达尔文的，也是现代进化论者的科学问题，因为这些石灰岩峡谷中的化石序列仅凭达尔文伟大的进化论无法得到解释，这一所有科学认知中最为强大的理论受到了挑战。

那些攻击达尔文建立的科学基石的改革派也是"进化论者",但他们用一套来自表观遗传学的新理论武装了自己。有些自称为"表观遗传学家";还有一些则另用他名,称自己为新拉马克主义者。

达尔文的理论在过去150年间经过了多次修改。"现代进化综论"[4]是达尔文进化论当前版本的名称,它将遗传学、分子生物学、发育生物学和古生物学等二十世纪的发现加入了当前的进化论中。事实上,它不单单只是一个理论,而可被认为是一个"科学范式",[5]是被公认的理论的集合。其他主要的科学范式有相对论、量子力学和大陆漂移理论,每一个都是由多个相互关联的理论组合成一个整体。和其他理论一样,进化论根深蒂固并已被认可。但有时,即使是看似无可辩驳的科学原理和范式也会因为革命性的新发现而被动摇,因为这些新发现无法用旧理论来解释。

来自纽约峡谷的化石可能是众多研究路线中的一条,这些研究有助于让保守的科学机构相信,仅建立在达尔文基础上的进化论是不完整的。进化论中缺少的是表观遗传学领域的重要新概念。[6]

迄今为止,为表观遗传学添砖加瓦的大多数发现都来自现代生物学,而古生物学贡献甚少:确实很难找到因表观遗传变化留下印记的化石DNA。不过表观遗传学对生命史的整体理解也许大有助益,从生物物种的起源,到作为重要的进化动力,促使生命分化出数百万物种,直至集聚形成今天的生命主要门类。

还有一种相对较新的论调认为,尽管表观遗传过程至今仍被忽视或尚未被发现,但生命史上的重大事件却受其影响,万途一辙,我们人类的社会历史也被表观遗传过程深刻影响着。进而,不仅仅是我们的进化史,人类文化史也受到了表观遗传学的影响。

表观遗传学理论的关键是，在个体一生中所发生的重大环境变化，能够引起该生物体的可遗传的变化，这些变化伴其一生并可传给下一代。生物体经历了大量的环境变化，可能会引起生物体 DNA 和染色体的变化。环境变化可能由化学或其他物理变化引起（诸如缺氧或增氧、温度或水的酸碱度改变等）；或由生物学事件引起，如疾病的发生；或是由于新的捕食者、食物来源丧失，抑或许多其他因素等引起。人类是动物，而战争、饥荒、疾病、家庭暴力、毒品、香烟或在我们的食物、水、空气、农田中的新型化学物质——所有这些都是主要的环境因子，它们能通过添加附着于我们 DNA 之上的小分子，或通过改变维持我们 DNA 形状的支架，从而导致基因开或关来触发我们的基因组变化，而这些基因原本并不会这么开关。有时这些变化只会影响当事生物体，但有时它们会遗传给子孙后代。

越来越多的试验室数据和结果支持"可遗传的"表观遗传学进化路径：导致生物体的基因组发生化学变化的事件，通常是（如上所述）通过微小的仅有几个原子长的甲基分子附着到 DNA 上。然而，当这些看似微不足道的搭车者搭上一个 DNA 分子时，基因行为就会发生变化。由生物体基因编码的影响生命的化学物质可能会因此停止生产。而新的分子——从未出现过的化学物质——可能在细胞内开始合成。

达尔文的理论假定基因是固定的，生物体在其一生中所做的任何事情都不能影响其变化。但是越来越多的实验表明，在生物体一生中发生的环境变化不仅能改变其自身，也能改变其后代，这使得这些可遗传的表观遗传事件成为了进化演变的原动力。此外，它们还能导致快速的进化演变——比达尔文假定的由低发的、随机产生的突变引起的缓慢且渐进的变化要快得多。可遗传的表观遗传过程并没有同进化论对立起来，而是进化论的补充。因此，它给予的深刻说明，不仅可用来解释化石记录，也可用来阐释人类历史的重大时刻所产生的进化演变。

生命史中的很长一段时间内，大部分都是缓慢而渐进的环境变化，甚至数千年一成不变。而这种环境一致性总是被许多栖息于静态环境中的群落效仿，它们很少经历物种种类和相对数量的构成变化。但随之而来的是那些看似"永久的"条件发生了短暂而彻底的改变，比如海洋变得有毒，或是曾与全球海洋相通的广而浅的内海面貌大变。不然就是更为迅猛的事件，如火山爆发迅速加热大气，或是更立竿见影的小行星或彗星撞击造成的环境影响。异曲同工，人类历史似乎也显示出类似的模式，颇像士兵眼中的战争：令人厌倦而漫长的时间，时而穿插着短暂的混乱、死亡和毁灭。一种较新的观点是，地球上的生命和人类文明用来应对这些环境灾难的，都是远快于和平时期的进化演变。这一观点假定，突发的对人口的环境压力也会刺激人类的表观遗传变化。对于人类文明而言，不是氧气浓度或温度的突然变化，也不是一种新的寄生虫、捕食者或竞争者；而是战争、饥荒、疾病，甚至宗教等类似事件，削弱着我们，并用进化之勺搅动着我们的基因库大锅。

目 录

引言　回顾历史

　　电影的一大主题——甚至早在电影问世起——就是展现未来以及人类在其中的地位，或直白，或隐喻，而画面往往是反乌托邦的。例如，1982 年的电影《银翼杀手》（*Blade Runner*）中所描画的被污染的城市景观，小型家庭作坊中人工合成制造器官乃至整个生物，而大型企业生产人造人或"复制人"。该电影在二十一世纪的续集则沿袭了同样的环境和技术未来的场景，有着神级发明才能的技术精英最终被自己发明的产品所攻击，在《银翼杀手》、《侏罗纪公园》（*Jurassic Park*）系列及最新剧集《西部世界》（*Westworld*）中都有同样的情节。

　　想要构建出一些通过图灵测试的人工智能，能"通达人情"到无论是我们还是它们自己都无法看出它们是人造的程度，抑或是令消失已久的恐龙起死回生，都还长路漫漫。可是，遥远的未来往往会以一种难以捉摸的方式提前到来，让人不安。从某种意义上说，在这个新世纪到来前被认为技术上不可能实现的"遥远未来"确实已经到来。我们正在建造实验室和仪器，来制造进化上从未产生过的新物种，并利用这些工具来炮制出一堆基因改造或生自试管的动植物。我们现在完全有能力制造出具有特定属性的人造人，这些属性能令它们成为比自然选择出的任何物种都更高效的杀戮机器，这就是超个体。构建

1

它们的方法来自法国博物学家让 - 巴蒂斯特·拉马克（Jean-Baptiste Lamarck）约 250 年前首次采纳的理论，他用了一个新的术语来描述这门科学：可遗传表观遗传学。

在想象未来的光景之外，电视和电影有两大动机：为大公司赚钱和娱乐大众。但除了满足我们对娱乐的期许，大制作娱乐片的第三个角色是躲避压力的庇护所。即将来临的未来唤起了人们内心切实的恐惧感，因为科技从未像现在这般让那么多人感到害怕。让孩子们在夜晚感到恐惧的不再仅仅是可能发生的核浩劫，如今的生物学更具威胁性，但同时对我们的下一代而言也更充满希望。专门设计的士兵可以更迅速、更强壮、更善战。专门设计的孩子可以更聪明、更健康、更漂亮、更长寿。生物学既是诅咒也是祝福，而电影作为我们人类情感的主要承载，深谙此道。如今，电影的票房由"超级"人类把持。有些是英雄，有些是恶魔。所有人都比我们这些智人的"普通"（由进化产生的）成员更强大。他们也被投其所好地刻画成我们在这个日益暴力、拥挤、有毒的世界中生存所需要成为的样子。而在屏幕上观看这些就能将噩梦拒之门外——至少在两小时的观影时间内。

我们想要娱乐，这通常是逃避的同义词，因为多厅影院或是家中和工作时的各种屏幕之外，世界正变得越来越可怕。外出比较危险。待在家里比较安全。对许多人而言，我们的屏幕世界是最安全的地方。在多厅影院、家庭电视、iPad 抑或手机上的屏幕世界，也是我们人类在文化上的进化之处——而且，根据许多科学预言家的说法，这可能也是生物学上的进化。美国人平均每天花在这样那样的屏幕上的时间至少有十个小时。[1] 现在，触碰一下按钮，上述电影就可以传送给我们，而这种触控就像是一种将自己与人类社会隔绝的方法。曾经，盔甲是我们的防御，如今，我们用手机武装自己，而这种转变可能正在迅速使人类进化。

我们的基因是否同文化和技术变化得一样快？更重要的是，我们一生中经历的任何事情，对我们的基因组、遗传基因以及自出生就专属于我们的锁定在我们 DNA 中的信息会有任何影响吗？基于达尔文进化论（现在被称为"现代进化综论"），答案是一句鼓舞人心并响彻云霄的"不会！"。这个答案得到了一些作为达尔文进化论卫道士的顶尖科学家的高声称颂，又有一些重要的科学资助机构予以支持。不过，表观遗传学却持相反观点。

达尔文及其伟大的进化论给安全性的定调似乎一直很优雅：基因在我们的一生中不会受到影响而发生变化。从生物学上讲，这意味着无论你因为错误选择而把自己搞得有多糟，诸如吸毒、抽烟及酗酒，抑或遭遇毒素、暴力、宗教或爱情，这些都不会影响你传给孩子的基因。

因此根据当前的进化理论，我们生活中的事件，无论好（获得幸福、宗教带来的满足感）或坏（由于遭受非人暴力而罹患创伤后应激障碍，或童年受虐，或在往周边环境排放类似多氯联苯等有毒化学物质的工厂附近长大等），对我们的孩子并不重要。[2] 达尔文如此宽慰我们：我们生活中发生的任何事情都不能影响我们通过遗传传给孩子的东西。但表观遗传学这场革命证明，事实并非如此。

查尔斯·达尔文信奉进化是由自然选择驱动的。然而，在达尔文最伟大的著作首发的半个多世纪前，就有一位博物学家——拉马克——提出了一个更早的理论，他的生活和工作，映衬在法国大革命的战火纷飞当中。

拉马克关于遗传以及动物为何会随时间变化的观点有所不同。他的科学理念是，在我们身上发生的事情能够改变我们传给下一代的东西，甚至可能是再下一代。达尔文十分了解拉马克的理论，他确信，自己的进化论与拉马克的假定是彻头彻尾对立的。但我们现在知道，情况不再是这样了。

《拉马克的复仇》(*Lamarck's Revenge*) 再度着眼于一些也许是人类最基本的问题："在哪里""什么时候"以及"为什么"有了地球现今的生物群。要得到上述问题的答案，则首先要询问"如何"这一问题。即是什么进化机制，平衡了达尔文主义和新拉马克主义（即可遗传表观遗传学），不仅带来了物理生物学，还产生了我们可遗传行为的某些方面呢？

有这么一些可能性。首先，表观遗传学过程与一些特殊的环境变化时期结合在一起，在所谓的"生命史"中所起的作用远比公认的要重要得多，只有少数中坚改革派生物学家认识到了这点。"基因水平转移"(horizontal gene transfer) 的表观遗传过程也许是最直观的证据，[3]在某个给定时刻，某一生物体被另一生物体侵入，而侵入的结果则是大量新基因的合并，使得被侵入的生物变成既与原先的被侵入者不同也与侵入者不同的别种生物。这是已被证实的。

其次，新的证据[4]指出，除了基因水平转移以外，表观遗传学还可能通过其他机制，在物种产生快速转变的过程中发挥作用。已有科学发现表明，一个物种通过表观遗传学发生的重大进化演变的速度，可能比达尔文理论所需要的在生物基因组或 DNA（某些情况下，也可能是 RNA）上发生的单个随机突变的过程快 1000 倍。这最有可能发生在罕见的重大环境扰动（诸如大灭绝及其余波）期间和之后。

　　不少科学家认为，我们正再次置身于这样一个时期，人类被正在经历"表观突变"的各种基因组所围困。表观突变是由重大的表观遗传过程引起的基因组极其迅速的变化，这些过程本身是由日积月累的环境危机触发的。[5] 我们不仅与这些变化息息相关，而且我们自己的基因由于同样具有可塑性，现亦同样受到影响，这很合情合理。在人类中，这种危机是通过我们的哺乳动物应激系统的影响来起作用的，这些应激系统与人类肠道生物群相耦合。它是我们对致癌的环境毒素的反应，也是我们对战争、饥荒、疾病和强硬宗教的反应；是对我们吃下去的毒物的反应，也是对我们在党派媒体上听到的蛊惑言论的反应；我们忍受着种族主义、性别歧视和虐待父母、家庭暴力、校园霸凌等各种虐待的荼毒。压力伤害着我们。压力也会从表观遗传学的角度改变我们。我们从压力中进化而来，[6] 并将一生所获的新特性传承下去。

　　有生命聚居的不少物理环境或栖息地显然并不雷同，总有一些比另一些要严酷。但是，在对众多关于进化论的真实资料库进行探索时，经常被遗漏的似乎总与时间和环境的交集有关。

　　是的，真正的地球生命天堂是存在的，像雨林和珊瑚礁，到处是能抚育生命的养料，各色物种济济一堂，自从第一个动物出现在地球上就一直如此。而在陆地上最不宜居住的地方和海洋最深处，情形则大相径庭，物种数量要少得多。同样的道理，有些时期对生命的考验更甚于其他时期，即使在最有利的环境中也是如此。地球上的时代有美好也有糟糕，这里要提出，这种二分法构成主要依照达尔文进化论发生进化的时代和拉马克进化论占主导的时代之间的衔接。达尔文进化发生于美好时代，而拉马克的则发生在糟糕时代，所谓糟糕，就是我们的环境天翻地覆的时候，而且变化来得非常迅速。比如，当小行星撞击地球时；当巨大的火山爆发事件形成死水一般的海洋时；当父母成为性侵害者时；当我们的工业排放使世界变暖时；当世界上有60亿人口并且还在不断增加的时候。

人类的历史也见证了"环境"条件随时间的波动。这种压力可以在某些方面被量化——理论上，就是在某一特定时刻一个人应激激素的平均水平。环境变化的时间跨度甚广，从过去250万年间冰期的反复来去，到全球疾病和瘟疫、全球饥饿、全球战争，甚至是暴力升级的时代。而在较稳定平和的时代，变化进行得相对缓慢甚至一成不变，更符合达尔文式。与之相比，这些起起落落是否由于触发了快速的表观遗传进化，而导致了人类物种进化演变速率的变化？如果我们可以采用古生物学家对某个地质时期的全球生物多样性（物种数量）和差异性（形体构型的数量）同样的取样方法来获取全球人类压力的样本，那会如何？在这个实验中，我们将逐一比较不同大陆、不同种族、不同性别、不同年龄的人的压力水平。被奴役者及大屠杀或种族灭绝幸存者的后代的压力分子水平如何？与穷人相比，富人的压力水平如何？通过可遗传表观遗传或多或少发生了进化的群体中，哪些进化得更快？最重要的是：如果现代世界的压力导致了人类的进化演变，那么我们会进化成什么呢？

这些都是令人不安的问题。但是安逸与否并不是科学关心的事情。科学家们确实提出了这些问题，[7] 通过对过去几千年的人类和动物骨骼的采样，我们可以测量特定时期的表观遗传变化水平。在新兴的古生理学领域，科学家们正在全部考古记录中搜索，采集人类和兽类的骨骼样本，以寻求答案。从提取的 DNA 中可以看到多少表观遗传变化呢?

　　进化不仅仅是简单的形态或生理变化。行为——暴力、宗教、性别歧视、爱、宽容、种族主义、偏执——至少在有能力改变基因组方面是可遗传的。所有这些都可能正在改变我们的物种。我们每个人体内的激素平衡都受到外在经历的影响;我们一生中所经历的一切都会影响到我们身后的几代人。拉马克首先提出了这一观点。这不仅仅事关我们能否在环境中生存,而且也体现了环境对我们施加的影响。现在我们知道情况确实如此。我们的DNA不是通过加减编码来改变的,而是通过添加起着开关作用的小分子。曾经起作用的基因不再运作。而一度被自然选择关闭的基因又重新被打开。

第一章　从神明到科学

可遗传表观遗传学理论的意识形态雏形最早出现在十九世纪初，当时让-巴蒂斯特·拉马克将其描述为后世生物学家所谓的"'获得性性状'的获取"。[1]

十九世纪后期，拉马克主义者继续着拉马克的探索，观察自然并回答这样的问题：物种真的会改变吗？它的形态——或许还有更为重要的，它的行为——会永远一成不变吗？地球上多种生命的形态组成是否并非出自造物主之手，而是受到了影响这些生命的环境变化的作用？

最终，拉马克得出了一种三个步骤的过程[2]，这是对我们现在所说的"有机进化"的第一种真正合理的解释。首先，动物经历了周围环境的彻底变化；其次，对环境变化最先作出反应的是这个动物（或整个物种）的某种新行为；第三，紧随行为改变之后的是可遗传给后代的形态变化。拉马克提出的这个过程后来以其名字命名。如今，当时拉马克的理论有了一个新版本，有时被称为"新拉马克主义"，更多时候则是"表观遗传学"，或"可遗传表观遗传学"。

然而，在十九世纪六十年代时，拉马克主义遭人摒弃[3]，人们更青睐于由查尔斯·达尔文首次阐述的一种解释：大多数进化演变是自然选择的产物。但现在，我们又重新认识到，某些曾发生过、正发生着、将要发生的进化演变，就算未必在科学上特指拉马克主义，但其精髓已十分接近了。毕竟在拉马克的年代，甚至是达尔文的年代，遗传学还没问世，更别提 DNA 和 RNA 的知识了。

表观遗传学是进化的一个分支。这是一个导致某些特定进化演变的过程。对一些人来说，这只是对已知过程的一个小小微调，在更为宏观的、涵盖进化演变和过去乃至未来生命史的格局中无足轻重。但对另一些人来说，虽然这是一个尚不明确的过程，但它对进化论主流思想的潜在重要性，远超过纯达尔文主义者所承认的。而对少数人来说，关于它的源源不断的发现正在引发一场方兴未艾的科学革命。但它几乎从未与化石记录联系在一起。

拉马克进化论的浮沉是符合科学发展的历史。但在创立并推广新思想的过程中，拉马克挑战了他那个时代最著名的博物学家的权威，因为这些思想，他被逼到了失去金钱、名誉乃至健康的地步。尽管他的想法在当时很新颖，在科学上也并非无中生有。就像现在科学家的想法（和研究工作）一样，拉马克的想法是建立在前人的思想基础之上的。

对许多人而言，"科学"这个词让人联想到大量已知的有序信息。但科学与其说是科学发现的汇总，不如说是行动范本。最初，为这些行动提供准则的是哲学家，而非早期的科学家（他们通常自称为"自然哲学家"）。

但是人类究竟是如何得出这些相互矛盾的进化理论的呢？要构建早期进化论者必备的科学发现工具箱，我们需要回到三个多世纪前。现在科学发现被归类到各门学科，诸如天文学、生物学、化学和物理学。每一个都有其原理（当前毋庸置疑的事实）、理论（可能是正确的）和假说（亟待资料来检验和推翻）。有时原理和理论会跨多门学科。它们就好比独裁政府：在被革命推翻之前，它们会永远存在下去。[4]

科学本身的进化

科学接受（scientific acceptance）的最高一级在传统上一直被称为"原理"，有时也被称为"定律"。任何科学分支都有原理作为基础：物理学中的相对性原理[①]，化学和物理学中的量子力学原理，地质学中的均变论原理，以及生物学中的进化论原理，不一而足。不过，我们还可以用另外一种方式来看待每一门学科，并不是将之视作定律和原理的汇总，而是作为活跃的研究领域，领域从业人员达成共识，并将之巩固，正因为有了这些引导，才驱动了领域的推进。伟大的科学史学家托马斯·库恩（Thomas Kuhn）称之为"范式"（paradigm）。[5]

对任何一个科学学科而言，范式恐怕是最牢固和不易动摇的支柱了，它通常结合了不止一个定律或原理，因而能在一个特定的伞形概念（conceptual umbrella）下提供科学上的统一，同时也指导了未来的研究。尽管现有的科学体系被认为是人类最为现代的建构之一，但很多人都注意到了，它仍和中世纪的师徒制度有相似之处。研究生就像学徒，花上五到六年的时间，一边赚取微薄收入，一边观察和学习师傅的手艺，同时为工匠师傅（博士研究生导师）提供劳作（数据）。

将现代大学同中世纪作类比还不限于此（也不限于大学建筑对中

---

①相对性原理是物理学中的基本原理，由伽利略提出，而爱因斯坦提出的相对论是相对性原理的推广。——译者注

世纪大教堂一目了然的效仿，修道士和天主教会的知识分子倒真是一千年前的黑暗时代中仅存的知识之光）。农奴（好比现在的科学家）辛苦工作，为封建领主提供更多的财富，以求谋生并换取一定程度的对劳动所得的保护。但这就是份工作，无论是耕种田地还是建造更高更厚的城墙，工作目的都是为了增强封地领主的力量。那些质疑该制度正确性的人会被赶尽杀绝。科学也是如此。主要学科的领主们操控着下拨经费的命脉，通过岗位、研究生和荣誉发挥授予资助的权力。权力确实有作用，尤其是在这个拥有数十亿美元科学经费的世界上。

范式差不多可以被认为是活着的、自私的生物，它指引众多科学信徒通过实验、观察、建模和博览综述后的分析，以获得进一步提高。范式只会被库恩称之为"革命"的"大逆不道"的行为所扼杀。例子不胜枚举：地心说模型被哥白尼的日心说体系取代；牛顿物理学被相对论取代；膨胀地球说模型被板块构造说取代等。当一个体系崩溃时，就会有一段科学上的动荡期。大多数情况下人们动辄要诉诸智力暴力（intellectual violence）——从单纯的人类自尊心到养家糊口的基本需求。无论款项是来自王室、贵族，还是国家科学部门、纳税人资助的基金会，反正有着大量的资金运作着全球的科学规划，而且相对而言，自十八世纪晚期现代科学兴起以来一贯如此。没有一种范式是不经过挣扎就消亡的，它的追随者也不会不斗争就轻言放弃。

科学革命很少能迅速发生，也很少能一蹴而就。某人在某处发现了一个用现有范式绝对无法解释的现象并发表了看法。一般来说，试图说明原本无法解释的新观察结果的创新尝试会被非难，被认为是不正确的。但如果这个想法被证实是正确的，星火就会有燎原之势。有时，造成困扰的新数据最后被发现是因为弄虚作假（比如皮尔当人①），或虽未造假但犯了糟糕的错误（比如冷核聚变②）。而有时，新数据并不存在这些问题，也无法在现有的范式"伞"下得到解释。那么，斗争就会接踵而至，在这个过程中，假如当前的范式坍塌，它的卫护者因失去太多而感到悲恸，不亚于得知自己身染绝症。但最终，新范式会被接纳。

进化也不例外。有些人认为，我们正处于一场科学革命的第一阶段，被这场革命威胁着的现有范式有着多个名称，但最广为人知的是"达尔文式的进化"（Darwinian evolution）。进化的主要原理或定律来自于从遗传学、生物化学和种群生态学等综合学科中精挑细选出来的证据。如果我们极简单地把进化定义为生物物种随时间发生的变化，表观遗传学就是一种进化。它是这种变化发生的一种方式。

查尔斯·达尔文和追随他的"达尔文主义者"所推崇的理论是，进化的主要过程是由自然选择和突变引起的遗传变化共同促进的。[6]表观遗传学则假定，完全不同的环境可以促进进化演变，而达尔文式的变化和表观遗传造成的变化两者可以同时进行。但哪个占据主导地位这个简单问题仍未得到解答，或者什么时候占据了主导也没有答案，显而易见的是两者都存在。越来越多的证据表明，达尔文进化论的范式无法解释新的发现，即生物一生中的环境压力如何能在这个经受环境冲击的个体的后代中产生生物学后果。

在二十一世纪第二个十年即将开始之际，那些奋力推动用拉马克的理论来诠释新数据的人，触犯了权威的进化论者的禁忌，他们之间

---

① 指二十世纪著名的古人类化石伪造事件。——译者注
② 指在接近常温、常压和相对简单的设备条件下发生的核聚变反应，虽然有个别科学家宣称他们以实验证明了冷核聚变，但大部分科学家都无法重复和证实该实验。——译者注

的冲突日益加剧。[7]不仅是现在正在学习进化论的学生，还有一百年前的学生，都认为拉马克进化论是个笑话。这是一个历史上的旧有理论，从本质上讲，认为任何生物体都可以将其一生中积累的遗传信息传递下去的想法，确实一度被认为是科学上的谬论。

但这种针锋相对依然出人意料。毕竟随着越来越多的数据积累，每一个新增的表观遗传的认知单凭达尔文进化理论确实完全无法解释。

被称为达尔文进化论或有时被称为生物进化的库恩范式，是一种基本的科学认知。它超越了我们所说的"科学"，因为它并不限于出现在科学期刊或是科普书籍上，还有书本和杂志，最终是网站，逐渐渗透进入人类文化。其他关于自然世界是如何构成的说明，尽管也经过了时间考验，但从这点上来说，可能都望尘莫及。不仅是所有科学家（神创论者或那些信奉智能设计论的人都不是科学家！），还有大部分主流宗教，都在教育外行人直观理解并接受进化论。

像《侏罗纪公园》系列这样的现代电影很有影响力，因为我们能明白恐龙生活在数亿年前，而不是几百年前。生物体随时间发生变化，它们是易变的，我们对此的认知和接受，就像许多其他重大的科学基础知识一样，很大一部分源于近两个世纪的发现。

从博物学家到地质学家再到进化论者

一千多年来，哲学家们[8]认识到，在恒星和行星的运动、日期变化、天气运作方式以及许许多多极为显著的自然现象中，存在着已知的规律性。许多人也确信，那么多种各不相同的动植物的存在，远不是用神明就可以解释的。与观察繁星并思索它们运动的人不同，通过农业饲养生存必需的动植物农产品的人，他们从容地见证了随时间演进的变化。即便是我们的衰老也证明了时间对自然永无休止又不断变化的支配力。

进化论战胜了与神明有关的解释，其中，十八和十九世纪地质学的兴起起到了不可估量的作用。[9]对岩石及其结构的观察，尤其是发现了其内部存在化石，是进化思想上的一大飞跃。这些化石的形状和形态各异，有的与现存生物几乎完全相同，有的外观奇异但仍可辨认出是曾经存在过的生物。丰富的三叶虫、菊石、笔石和海百合，以及大量其他种类的化石——更不用说显示出了鱼和蜥蜴的组合特征的壮观的鱼龙骨架了——所有这些结合在一起，为进化论的发展提供了一片沃土。显而易见，在岩石中发现的生物形态与当时的动物种类有所不同，同样，被认为是古老事物的岩石的年代也显然远比詹姆斯·乌雪（James Ussher，十七世纪北爱尔兰的圣公会长老）等人宣称的要久远得多[10]——乌雪认为地球历史始于公元前4004年。

岩石记录给了我们生物的形态，而形态变化则给了我们一种时间长河缓慢流淌的感觉。研究这个世界曾经（及现在）的古老程度主要是由好奇的博物学家进行的，他们中的大多数人都是有钱又有闲的地主。自文艺复兴萌芽开始，天主教会同伽利略和（特别是）哥白尼等天文学家就地球（同理可推及人类）在宇宙中的位置发生了巨大的冲突。那些研究化石并推断出地质年代惊人长度的人，与那些被遵循的教义中的既定信息水火不容，比如基督徒的圣经，以及在印度教和伊斯兰教信徒中流传的古老文本。

欧洲的宗教领袖们笃信，所有的知识都可以在圣经中找到，而正是地质学的诞生，令他们从这种自我催眠的狂妄自大中惊醒。乌雪大主教认为在其有生之年（1581—1656），他都有必要将其关于地球年龄的著名研究和公开声明作为给予众多博物学家的直接回应，这些博物学家中就包括尼古拉斯·斯坦诺（Nicolaus Steno），[11] 他与乌雪大主教身处同一时代，后来提出了地层学的根本原理，在科学史上留有一席之地。他明确表示，沉积岩由按时间顺序的岩层构成，一层就是一个年代，而在大量堆积的沉积岩中，最底下的沉积岩比上层的要古老。

斯坦诺也是第一个公开发表了关于化石的准确信息的人，他利用来自意大利的岩化鲨鱼牙齿来证明，化石应该同宝石及其他类型的地球岩石有所区分，而更为重要的是，他展示了已变为石头的鲨鱼牙齿同意大利附近及其他海域中现生鲨鱼牙齿的关系。[12] 活着的动物会死亡，然后变成石头，而石头本身就比所有现生生物要古老——这一概念在今天看来似乎微不足道，但在当时，它对于构建后来成为地质年代的时间尺度的重要性无可比拟。而没有时间，就没有进化演变的概念。类似这样的观点激怒了神职人员和教会。

乌雪算是最早对地球年龄做出实际估计的准地质学家或神职人员之一。通过计算圣经的世代，并将它们添加到现代历史中，他将创世的日期定在公元前 4004 年 10 月 23 日。[13] 后来，英国剑桥大学的约翰·莱特福特（John Lightfoot）宣布，创世时间是公元前 4004 年 10 月 26 日上午 9 点。这大约是他们能得到的最精确的结果了吧。

这个宗教结论认为地球和生命大约只有 6000 年历史，它为"存在锁链"（Great Chain of Being）这一当时盛行的理论提供了支持，[14] 认为上帝创造了一系列连续的生命形态，它们林林总总、形形色色，每一种都按照从最简单到最复杂的分级依次排列。事实上，这一想法与我们现在所接受的许多概念极为接近，我们将这些概念理解为生物进化，是某种意义上的复杂性层次的呈现。但它与十七八世纪博物学家来之不易的发现之间存在冲突，它认为所有这些生命形态，包括人类，都是上帝创造的，创造的时间离现在甚至都不太久远。此外，它们造出来时就是现在的形态，而且从未改变过。一场决斗在所难免。人们绝口不提生物进化，在这样的思潮下，生物学研究举步维艰，只能囿于描述动植物以及动植物分类之上，最终就是以为其命名了事，而不再努力探究它们之间的关系，而这些关系如今看来正是进化亲缘性乃至进化演变的明证。

由于十七八世纪博物学家中最伟大的分类者——瑞典植物学家卡尔·林奈（Carolus Linnaeus, Carl von Linné①）的成就，当时的研究被引领向了精细分类。林奈毕生的著作有 180 本，为我们提供了纷繁芜杂的动植物的学名，至今仍在沿用。[15]

林奈的另一个巨大贡献是详细阐述了一种命名结构，赋予每个不同的生物体以双名，一个属名和一个种名，并创建了一个分类类别的层级系统。分类学是明确物种的进化谱系和类别的科学。一个物种归于一个属，属内通常还有其他物种。属在科下，科上是目，然后依次是纲、门和界。

不过，尽管林奈的各类著作中充满了对自然的精确描述，却很少提及其他内容：他很少进行分析或说明。林奈相信，他和他的追随者如此细致描述和详细分类的大量多样的生命，是上帝创造的不变的生命规则的产物。所有这些浩大的工作量都是为了确证上帝的存在。至少，这是他大半生杰出工作的理性寄托。但是，当埋首于分类的博物学家们把他们的植物保存在精美的标本册里，或是架置起动物的骨骼，

---

① 前者为拉丁语，瑞典的知识分子阶层的姓经常被拉丁化。——译者注

然后对这些死物进行描述的时候，还有许多活跃于田间的实践者们，他们所作的观察却大有不同。

从事畜牧业的人在养殖动植物中看到了变化，在他们看来，林奈关于物种不变的断言显然错得离谱。而对欧洲人而言，还有一个更明显的日常例子：形形色色的犬种是由人类而非上帝创造的。然而，对林奈来说为时已晚，病痛缠身、风烛残年的他自知时日无多，专注于广为人知的农事：按他原本的描述，各种植物是独立的，因而是不变的物种，但通过人工诱导的异花授粉，不同植物间杂交产生的杂交物种却发生了快速变化。许多杂交所得的品种是从未出现过的变种。而林奈却没能亲自向其他博物学家们传达这个农民中的常识：哪怕只历经数代，物种也能发生肉眼可见的根本变化。这些植物已经进化了。

即便林奈终其一生也未能承认他肯定已经明白的事实——生物进化真实存在——但他的确留下了会直接发展成进化演变模型的概念架构：他的分类层级系统。[16] 在他去世后，其他博物学家很快就采纳了这些方法，他们认识到，比起其他类别中的动物和植物，归在同一个分类类别中的在生物学上要更为相似。例如，包括人类在内的所有灵长类动物，被归在一个目中。

显而易见，这个目中的所有物种共有着许多相似之处——事实上，可以说要远远多于同食肉目其他动物（包括各种猫、狼、鼬等）的相似之处。不过，这些相似之处是如何产生的呢？莫非上帝并没有创造一个物种形态固定的"存在锁链"，而是另有一个系统，其中的生命可以按照共同特征来分组集群？

林奈给他的信徒留下了一句久久流传的名言，这句话随后又在一些著名的博物学家那里得到共鸣，他们正同"若非上帝，又待如何？"

的思想争斗不休。林奈记道："*Natura non facit saltum*"，翻译过来的大意是"自然从不飞跃"[①]。林奈在这句话中指出，生命的种类之间不应该存在间断，近一个世纪后，查尔斯·达尔文在主张进化演变的渐进本质时，就明确地引用了这句话。

到了十八世纪中叶，分类学家和农学家均已收集了大量证据，让博物学家了解这些证据所表明的事实，恰逢其时。事实就是，物种并不非得是一成不变的。生命在形式上并不是"固定的"。在开始撰写和发表这些"异端邪说"（在仍当权的天主教会看来）的自由思想家中，最重要的莫过于法国贵族、才华横溢的数学家和博物学家乔治-路易·勒克莱尔（Georges-Louis Leclerc），我们更熟悉的名字是布丰伯爵（Comte de Buffon），[17] 通常简称为布丰。布丰是一名植物学家，这并非巧合，因为在那个时候，我们现在所认识到的快速进化的证据在作物的杂交和育种中最容易观察到。

如今我们几乎一致归功于达尔文的科学突破，布丰离它其实仅一步之遥。布丰和之后的达尔文，都确信生物是会随时间改变的。他认为这在某种程度上是受环境乃至概率影响的结果。而后一个想法直到我们这个时代才为人们接受，这还多亏了斯蒂芬·杰伊·古尔德（Stephen Jay Gould）和大卫·劳普（David Raup）的研究工作。他们是古生物学家，为随机概率在众多进化事件以及整个生命史中起的作用提供了令人信服的评述，也许 6500 万年前发生的小概率的小行星撞击事件而引起的地球生命的剧烈变化就是绝佳的例证。

---

① 一般认为这句话最初是在戈特弗里德·威廉·莱布尼茨（Gottfried Wilhelm Leibniz）所著的《人类理智新论》（*New Essays on Human Understanding*，1704 年著，1765 年出版）中作为一则公理出现，林奈在《植物哲学》（*Philosophia Botanica*，1751 年出版）中将之翻译成了拉丁文。——译者注

布丰有许多坚定的观点，在当时是新颖和大胆的，现在则已被证实。他相信地球一定比6000岁古老得多。事实上，在1774年，他就推测地球至少有7.5万年的历史。他还认为人类和猿是有亲缘关系的。[18]

布丰在诸多方面都比查尔斯·达尔文超前，其中之一就是对任何"物种"（尽管这一概念在当时还很模糊）无限制的数量增长所带来的危险有着敏锐的直觉。布丰写道，一颗树种可以在短短十年内产生一千颗新种子（具体数量取决于这棵树，布丰以欧洲的榆树为例）。如果所有的种子都能生长，他推测，不出150年，我们的世界将满是这种树，而所有的树都源自一颗种子。他还用家禽和鱼类做了类似的思想实验。通过思想实验，他还指出，在这种人口增长失控的情况下，盛极必衰，人类迟早会为饥饿和疾病付出沉重的代价。

尽管布丰在科学上十分大胆，但他并不莽撞。在国王路易十六和法国君主制的最后几年，布丰深知，如果他的许多科学结论被广为人知，不仅会引发争议，还会带来政治上的危险。他是一个贵族，当时的贵族们借由农奴制从农民手中攫取财富，他们很清楚农民心中的怒火。布丰小心翼翼地将他的激进观点隐藏在一套四十四卷[①]的限量版自然历史丛书《自然史》（*Histoire naturelle, Générale et particulière*，1749—1804）之中。这么做让他免于广受舆论批评。

事后看来，布丰做出了历久弥深的贡献，我们将会看到，他是后继两位思想家的巨人之肩：一位是与他同时代的拉马克，另一位是查尔斯·达尔文，而在前面两位法国思想家相继去世几十年后，达尔文声名鹊起。也许布丰最重要的贡献是他坚持自然现象必须用自然法则

---

① 《自然史》最早出版了36卷，1788年布丰去世，之后另一位法国博物学家拉塞佩德又出版了8卷。——译者注

而不是神学教义来解释。他还是林奈分类系统的早期和实干的倡导者，也是主张物种可随世代而变化的先驱。

不过，思想前卫如他，离发现真正的结论近在咫尺却又遥不可及。布丰公开反对物种可以进化成其他物种的观点，于是错失良机，把"进化论之父"的称号拱手让于查尔斯·达尔文。从某一点来说，我觉得这样也不错。如果把达尔文主义换成"布丰主义"，这念起来实在太像"小丑主义"了。[①] 进化本身的公共关系问题已经够多了！

第一个"达尔文"

十八世纪晚期还有一个隐秘的进化论者——伊拉斯谟斯·达尔文（Erasmus Darwin），他是查尔斯·达尔文的祖父。伊拉斯谟斯相信，进化发生在生物中，包括人类，但他只是推测了可能的原因。他把自己关于进化的观点写进了诗歌和《动物生物学或生命规律》（*Zoonomia; or, the Laws of Organic Life*，1794—1796）一书。[19] 在书中，他还提出，地球和地球上的生命一定已经进化了很长一段时间了：

> 斗胆试想，在漫长的岁月中，从地球诞生伊始，在人类历史发端的几百万代之前，所有恒温动物发于一根有生命的细丝，"伟大的第一因"（THE GREAT FIRST CAUSE）赋予其动物本能，它具有获取带有新习性的新部件的能力，受到刺激、感受、意志和联想的直接引导，由此拥有了通过自身与生俱来的活动不断得到提高的功能，并能把这些改进传承给子孙后代，生生不息，万世永存。[20]

---

① 因为布丰（Buffon）与小丑（buffoon）的英文单词相似。——编者注

最后，我们第一次尝试从真正的古人的角度来思考。伊拉斯谟斯·达尔文那位更出名的亲戚关于自然选择的概念还有一个先导，即每个生物体都有三大欲望：繁殖、进食，以及寻求安全。而我们人类的生活与之相比，又有什么不同呢？

万世永存？可不见得。地球上的宜居性就将走到尽头，倒也不会持续太久。而在这句具有先见之明的话中，最令人好奇的是"伟大的第一因"的本体。想必是一位非凡的造物主吧？

伊拉斯谟斯·达尔文——他的基因会传给孙子查尔斯·达尔文——是第一个体验到作为进化论者必将面临针锋相对和明枪暗箭。

伊拉斯谟斯的主要著作发表后不久，英国媒体就对他进行了抨击。然而，恶语中伤还不是最糟糕的。由于出版了这种革命性的进化论观点而入狱的，不是伊拉斯谟斯，而是他的出版商！一贯把控着媒体的英国贵族阶层好像很快就意识到了，任何有关进化论的科学著作都会给坚不可摧的英国阶级体系造成危险。

因此，就像斯蒂芬·杰伊·古尔德因其关于进化论的科学论文而被贴上马克思主义者的标签（在二十世纪六七十年代冷战的背景下，这无异于诋毁）。无独有偶，伊拉斯谟斯·达尔文早先的科学成就和著作极具煽动性，[21] 甫一发表，就立即遭到了他所在阶层的攻击。于是他刻意把最直击要害的作品留到死后再发表。而后来他的孙子之所以也迟迟不发表其更具对抗性和革命性的科学观察结果，在很大程度上是因为他清楚他祖父的遭遇——社会的反感、苛责、阶级排挤。

当这些十八世纪的科学进展问世时，离乔尔丹诺·布鲁诺（Giordano Bruno）因坚决反对地球中心的宇宙（这是基督上帝为中心的宇宙）而被控为异端遭受火刑，已过去了漫长的两个世纪，但即使在达尔文的时代，这种恐惧的社会记忆仍深入人心。舞台已准备就绪。提出进化演变总会发生的观点，或许比哥白尼的理论更具革命性。博物学家已得到了足够的社会和物质上的许可，所以他们向往的知识不再仅仅是对希腊和罗马文明的翻版。林奈和伊拉斯谟斯·达尔文为让－巴蒂斯特·拉马克和查尔斯·达尔文铺平了道路，在宗教渐失权力而无法扼杀思想的文化氛围中，世界必将焕然一新。

第二章　从拉马克到达尔文

查尔斯·达尔文在他 1859 年的经典著作《物种起源》（*On the Origin of Species*）[1] 中发起的科学革命意义深远，能相提并论者屈指可数。它解释了随时间发生的有机变化的基础，即我们现在称之为进化的过程。它的重要性已经超出了纯科学的范畴，就在其发表后不久，不管是支持还是反对改变社会贫富结构的阵营，都拿它当作战斗口号。如今，我们在被描述为进化论的整个科学范式中，给了达尔文至高无上的权威，而进化论不仅在自然科学领域，在社会科学的诸多领域中也持续发挥着影响。不过，最早提出综合理论来解释随时间发生有机变化的博物学家另有其人。达尔文不是试图解释现存物种变化的第一人，也不是解释全新物种形成的第一人。但仍有许多非科学家认为达尔文是第一个"进化论者"。

在达尔文最终公布其重大新理论的半个世纪以前，有一个内向而勤勉的法国知识分子就已经踏上了一条类似的道路，就进化如何发生产生了一套截然不同而又协调连贯的观点。让－巴蒂斯特·拉马克身份众多：军人、生物学家、学者和贵族，是科学史上的泰斗，又是一个悲剧人物。[2] 虽然他出身贵族，但他父母遗留给他的只有一个虚有其表的头衔。然而，他的智慧和干劲使他声名鹊起，最终成为法国最有影响的自然史中心——巴黎植物园（Jardin des Plantes）最重要的保管员①之一。

能经历法国大革命而幸存，没有什么比这更能证明他的智慧了。当时，有太多顶着崇高头衔的人在反对或支持革命的狂热中，犹如没了脑子一般，然后就真的在断头台上掉了脑袋。而这场革命却成了拉马克纷乱思绪的锻造之火，最终锤炼出一个真正的革命性理论。十九世纪的第一年，拿破仑（Napoleon）巩固了他的权力；查尔斯·达尔文还要再过将近十年才会出生；五十多年后，才有了格雷戈尔·孟德尔（Gregor Mendel）的卓越工作——揭示遗传学的真相和形式以及遗传的运作机制；而拉马克在这一年发表了第一个关于生物随时间发生变化的真正凝练的理论。他的进化理论解释说，某些化学力量推动生物体攀上复杂性的阶梯，其次是环境的力量，使它们通过利用或摒弃一些特征，分化成有别于其他生物体的存在，从而适应了当地环境。拉马克用自己的语言简洁地表达了具体情况："环境影响着动物的形状和组织，即当环境发生巨变时，它会随时间推移在动物的形状和组织上产生相应的改动。但说真的，如果这一说法按字面意思理解，我就会被人指摘；因为他们认为，无论环境如何变化，它也不会对动物的形状和组织作出直接改动。"[3]

然而，革命么，无论是推翻政府还是科学范式，运气和时机是与革命本质同等重要的决定因素。而对于拉马克关于进化的革命性理论而言，既无运气，也不是时机。他的不幸同与他共事的另一位学界泰斗——比较解剖学领域的"鼻祖"乔治·居维叶（Georges Cuvier）息

---

①法国博物馆体系中的保管员，并不是简单的技术人员，而是涉及购买藏品、策划展示等工作，可以说这一职位身兼数职，是博物馆的协调者，也是制定者和实施者。——译者注

让 – 巴蒂斯特 – 皮埃尔 – 安托
万·德·莫奈·拉马克，凹版印刷
自 C. 戴维南（C. Thévenin）的肖像
画，1801 年。威康收藏馆（Wellcome
Collection）。

息相关。居维叶是我们现在所说的智能设计论和灾变论（认为地球曾
间歇遭受使所有生命灭绝的环境灾变）的坚定拥护者，这两者都与拉
马克所持的进化论背道而驰。

　　居维叶尽其所能在学术上打压拉马克。[4] 事实上，要不是年迈失明
且不名一文的拉马克被"埋葬"在一个都算不上是坟墓的浅石灰坑中，
而且很快就尸骨无存了，居维叶怕不是要在拉马克的墓前起舞。他写
了葬礼悼词，这通常应是对一位科学家同事生前一切美好的赞颂，但
居维叶则不然，他措辞华丽高雅却满是轻蔑，为拉马克和他的理论送
葬。居维叶和拉马克的雕像矗立在巴黎两个最美丽的地方：卢森堡花
园和毗邻的植物园。但拉马克的雕像与他的科学同仁们并不在一起。

拉马克和居维叶对他们的科学有着各自截然不同的观点，对什么才是最重要的生命科学研究的看法更是大相径庭。于拉马克而言，这是关于物种是如何产生的。但对居维叶这个大灭绝研究之父来说，对死亡的关注不亚于对生命的。而对那些大灭绝研究者而言，居维叶建造了一座丰碑，这座丰碑比其他任何雕像都更值得膜拜，确切地说，它用自己的手段证实了灭绝的真实性。

在植物园一个偏远的礼堂内，有一个由居维叶收集而成的巨大的动物堆骨场。正是这些堆积如山的骨架，使之成为了一个科学工具。1800 年之前，人们对过去曾发生过的大灭绝事件毫无概念。居维叶是第一个让人们关注灭绝概念的人，他论证了更新世大冰期沉积层中发现的大型象类动物的骨骼无法归类到任何现生大象。毕竟他曾组装过所有已知象类的骨架，而这些新骨骼虽与大象确实相似，但不是任何已知种类。于是，他推断这些骨骼来自一个完全灭绝的物种。当时的法国是一个纵横世界、四下贸易、处处殖民的国家，在这样的便利下，纵贯居维叶漫长的职业生涯，他把当时伟大的法兰西帝国所能提供给他的全部哺乳动物骨架都组装了个遍，这令居维叶能不断观察地球哺乳动物——或者至少是那些当时还活着又已被四处考察的博物学家发现的动物——的解剖结构。

日复一日与骨架打交道，居维叶对现存哺乳动物的了解，可能后无来者，当然更是前无古人。[5] 因此，当巨大的骨骼化石被带到他面前时，他立刻发现这是他所不熟悉的。那时大多数大陆多多少少都已经被探索过了，尽管人们确信还有不少小型哺乳动物尚待发现（同如今的情况一样，但现在我们正在慢慢地有所发现），但地球上居然还有没遭遇过人类的庞大动物，这实在不太可能。居维叶仔细琢磨了这些骨骼化石所属动物的大小，而这些骨骼还未完全石化，他断定，它们同巴黎盆地的化石的年龄（现在已知属于白垩纪和第三纪）并不一致。这些是一种新近死亡的物种的骨骼。但这样一种生物能生活在什么地方而使得我们至今未能观察到呢？"没有这种地方！"这是居维叶的回答。他推论这个物种一定是灭绝了，由此产生了现代意义上的第一个灭绝概念。但最终，居维叶更关心的是物种的消亡，而不是它们的进化。

证实了单一物种的灭绝是真实存在的之后，居维叶利用他对化石记录的了解，作出了一个巨大的思想飞跃，就观察结果而言，也算合理。他和同事亚历山大·布隆尼亚尔（Alexandre Brongniart）通过野外考察，确定了一件事：位于较高层因而也较为年轻的巴黎盆地地层中发现的无脊椎动物化石表明，它们属于完全不同的动物群，之所以会如此不同，是因为位置较低且较古老地层中的许多物种都已经消失了。在某些情况下，在年代递减的地层中消失的物种非但不在少数反而是绝大部分。居维叶不仅证明了物种灭绝的事实，而且利用化石记录证明了物种的大规模灭绝。[6]

拉马克当然也有他自己的预判，同样颇有先见之明。[7]生命源于无生命物质，这是地球产生生命的唯一方式，除非它的出现是由于泛种论，即生命传播自宇宙别处（最有可能的就是火星），但这只是简单地把问题换了个场景罢了。但是，从无生命物质中出现的简单生命是如何过渡到更复杂的生命（如动物和高等植物）的呢，就这个问题，拉马克将之归因于我们现在所说的多细胞生命尤其是后生动物或是动物的"力求完美"。对拉马克来说，生命所追求的完美就是人类。可对一个一生都惶惶不可终日甚至死后也不得安宁的人；对一个身处动荡时代，动辄目睹有人在广场被砍头的人来说，这可太讽刺了。完美的人类呵？

这就是拉马克的结论，尽管力求完美是一种有目的性的进化，但他对进化是如何发生的整体想法并没有错。他极有见地地指出，动物生活在充满挑战的环境中，而如果能发生变化，就能减少生存的挑战。因而他得出了最为著名也总被嘲笑的例子：长颈鹿进化出了更长的脖子，是因为活着的长颈鹿总是伸长脖子去够更高的树枝，那里可以找到多叶的食物。更长的脖子是一种适应，而拉马克敏锐地觉察出这里存在竞争；当然还有，他觉得存活下来的是脖子最长的那些长颈鹿，这就意味着这一性状可以传给后代。长颈鹿想要更长的脖子，而它们的脖子确实发生一些改变，这是全新且可遗传的。于是我们有了个对可遗传表观遗传学的绝佳定义，或者，让这位天才实至名归——"新拉马克主义"。

拉马克在太多方面都生不逢时，但有一点当时鲜有评议，那就是他是如何被化石记录击败的，或者确切地说，是被一群对化石记录有充分认知的准地质博物学家所击败的。极具讽刺意味的是，在他所处的时代，在沉积地质学和解读化石记录方面的世界级专家正是他的死对头，尽管居维叶对灭绝真实性的观察工作极具突破性，但对铸成的大错也难辞其咎，他认为，没有物种能在大灭绝中幸存。

居维叶考察了法国的许多化石带。他肯定对丰富的菊石动物群再清楚不过，菊石是大型且形态醒目的化石，因而是法国中生代地层的一众化石中最显眼和出名的。他观察到，所有含有菊石的地层中，最上一层同覆盖其上的地层之间有着显著的变化——上面的地层仍然含有化石，但不再有菊石化石了。居维叶由此了解到，沉积记录及其包含的化石表明，大范围的死亡事件时有发生。然而，尽管居维叶眼光独到，他却犯了一个根本性的错误。他看到了菊石的消失，[8] 这是在我们现在称之为"白垩纪—第三纪大灭绝"（K-T mass extinction）的事件中发生的，但他没有注意到，在最年轻的含菊石地层中发现的许多贝类和螺类其实在后一个地质年代（即第三纪）最古老的地层中也能找到。然而，对居维叶来说，这种逆转是一个环境灾难事件的证据，它导致了所有物种的死亡，而不仅仅是菊石，没有幸存者。他对乳齿象的灭绝也持同样看法。他在 1796 年的一篇论文中，讨论了在巴黎附近地层中挖掘出的大象化石，这些化石所处年代是我们现在所说的更新世，他在文中说："所有这些事实相互印证，与任何报告都不矛盾，在我看来，它们证明了在我们之前，确实存在一个被某种大灾难毁灭的世界。"[9]

但他也知道，这些留下化石的先前"世界"必定与他所在时代的巴黎具有截然不同的环境构成。具体而言，他知道他那个时代的大象生活在温暖的气候中，而不会出现在欧洲这样的地方，所以他开始探究地球上随时间发生变化的佐证。居维叶凭直觉想到的东西，在半个多世纪之后由达尔文写了出来："自然选择的理论建立在下述信念上：每一个新变种乃至每一个新物种的产生和维持，是因为它们具备某些竞争优势；而不被自然偏爱的物种的灭绝，几乎是在所难免的结局。"[10] 环境条件随时间发生变化，迫使物种要么适应，要么灭绝。

居维叶在这一点上与拉马克发生了思想冲突，居维叶认为，大灭绝是清除一切生命的灾难，这灾难反过来又会使得造物主创造出新生物并重新繁衍，而拉马克并不同意这个观点。

居维叶始终在这位造物主的概念旁游走，[11] 因为他有两件事要解释：引起大灭绝的力量以及使新的动植物出现的力量。最终，他的基督教信仰让他提出，地质记录中标记的灾难与圣经中记载的历史是一致的。

尽管居维叶在法国和其他地方都见识到了沉积岩的巨大和厚重，他还是对地球年龄需要以百万年计予以坚决反对，而这恰是拉马克和法国博物学家艾蒂安·若弗鲁瓦·圣伊莱尔（Étienne Geoffroy Saint-Hilaire）当下的观点，后者不仅对居维叶关于生命整体灭绝的真实性提出争议，也对其认为地球动植物不曾有过任何进化事件的观点表示反对。居维叶终其一生从未动摇过他反对所有进化理论的立场。他写道："有些人相信在有序的身体中的形态改变具有无限可能性，以及认为随年龄增长和改变习性，所有的物种都可以变成另一个，或是其中之一生出了其他所有，对这些人而言，我的这一反对是强烈的。但下列答复可能反而算是投其所好：如果按照他们的假设，物种已经发生的改变有程度之分，我们应该会发现这些逐渐改进的痕迹。"[12]

于是，这就成了一个沿袭至今的战斗口号，被那些神创论者推崇，包括有些人利用地球历史事件，如寒武纪大爆发，提出了有一个修补地球生命的神圣"钟表匠"。变化的证据在哪里？居维叶曾问过，而现在也仍有人在问。

对科学来说，幸运的是，乔治·居维叶并不是当时唯一一位研究法国及其附近欧洲国家的化石和沉积岩的学者。拉马克也在做着同样的事情，他探索着散布在巴黎周围的沉积盆地和它们的化石。[13] 但是，拉马克在阐释化石及它们确切的古环境出处方面，比居维叶更有优势。

拉马克曾对自然界的各个方面都很感兴趣，直到他彻底研究了气候和天气还有植物学之后，他才转向地质学和古生物学。后几个领域相当重要，在其中，拉马克正确地指出，巴黎盆地的沉积序列被侵蚀的主要原因是河流，而这一机制正是当前地貌学所得出的，也正是这项工作，令英国伟大的地质学家查尔斯·莱尔（Charles Lyell）开始支持并追随拉马克的事业，[14]后来的均变论原理同这是一脉相承的。均变论认为，所有从古至今随时间发生的地质过程都可以通过观察现代的自然过程来理解。

就居维叶推崇的至高无上的大灾变理论而言，这是一种截然不同的世界形成的观点，更是一个关键的反驳[15]。诚然，拉马克的研究及其同居维叶的灾变论颇为不同的观点得到了一个英国人的认真对待和公开接受，哪怕在拿破仑攻打英国期间也初心不改。但在法国，这并没有为拉马克赢得太多盟友，而且激怒了居维叶这个狂热又善妒的民族主义者。居维叶一直热衷于被人称颂，对支持其他博物学家则缺乏兴趣，更何况是一个总和讨厌的英国人过从甚密的博物学家。随着时间迈入十九世纪，他对拉马克的嫉妒[16]和敌意与日俱增。

拉马克关于化石和进化演变可能在某种程度上同环境相关的想法，首次出现在一部长篇巨著的末尾，那就是1801年出版的《无脊椎动物的系统》（Système des animaux sans vertèbres）。该书讨论了没有脊椎的动物，也涵盖了一些拉马克在研究现存无脊椎动物时得到的其他观察结果，以及他在研究灭绝无脊椎动物时的感悟。但还有一本书，与这本的重要性不相上下——1809年拉马克出版了一本名为《动物学哲学》（法：Philosophie zoologique，英：Zoological Philosophy）[17]的大部头巨著，这部诠释了动物自然史的著作，巩固了他作为学者的国际声誉，并为他成熟的进化演变思想提供了一个平台。

在这部1809年的著作中，拉马克明确定义了他的两条进化"定律"。[18] 第一定律表明，是动物使用或摒弃了某些结构（包括内脏）而导致了进化演变。正在被使用的结构部分得到了加强，而那些较少使用的则被削弱或完全消失。第二定律是关于获得新性状或修正现有的结构或器官，以改善动物生活的某些方面。定律指出，在生物体的一生中积累的新特性，如果有用并合适，就会传给新的世代。

拉马克和他之后的达尔文一样，痴迷于探索这世界为何会有如此丰富的生物，千姿百态、星罗棋布、五光十色，令人叹为观止。与达尔文不谋而合，他想知道生命是如何有了变化的能力：用他的话说，是如何转变的。同达尔文一样，他也是在对动植物的各种行为方式进行了数十年的潜心研究之后才形成了自己杰出的理论。然而，与达尔文不同的是，拉马克不得不工作谋生。他埋葬了四任妻子还有几个孩子，在穷困潦倒和郁郁不得志中死去。他内心深知，当时最伟大的生物学家们齐齐对他的观点万般抵制，不仅让他在临终前一年陷入身无分文的境遇，还成功地令学界认为他是异端，更有甚者，认为他愚昧无知。

死者无法复生。即便是最应得之人也无法看到世人还他的公道了。梵高永远也不会知道他的画作如今天价，拉马克也是如此。自他提出了第一个关于进化如何运作的自洽合理的理论，已经差不多整整两个世纪了，倘若他还在世，我们相信，他会看到他正在对所有怀疑者发起全面的复仇。

达尔文的理论在初中科学课（如果有的话）上就有讲授。但太多美国学校宁可直接略过进化论的教学，也不愿"讲解争议"。拉马克的贡献更是在很大程度上被人遗忘，即便出现在初中或高中教科书里，也只是用来作为反例，说明自十九世纪以来，除达尔文的进化论之外其他观点有多错误。

不过，二十一世纪的第二个十年，"新拉马克主义"出现在了科学家们的讨论中。拉马克和同时代的其他博物学家曾对描述进化演变做了一番摸索尝试，如今衍生出了一些新思想并迎来了回归，因为它们帮助解释了生物学观测和实验以及来自化石记录的观察结果，影响力不容忽视。[19]

伟大的科学理论始于简单的发现，这些简单发现有着强大的说明和预测能力。进化论便是如此。达尔文的版本脱胎于他所认为的一个简单的自然法则，这一法则可以解释一大批困扰着在他之前的所有自然史学家的未解之谜。而他则在寻找一些原因，用来解释如今地球上不可估量的生物多样性，以及从化石中得知的数量如此庞大的物种是如何从某个原始的单细胞祖先发展而来。但是，直到十九世纪中期，他一直都在满目疮痍的科学田地上默默耕耘。

达尔文起先是个地质学家，拉马克也是。在达尔文的时代之前，地质学还是门新兴学科，它假定地球年龄必须要足够古老，才能让生命有充分的时间变得多样，以达到目前的丰富程度。也正是化石记录为拉马克和他之后的达尔文提供了可用数据。古生物学可以说是拉马克和达尔文的两种进化理论最首要的促成因素。

第三章　从达尔文到新（现代）综论 [①]

　　所谓进化理论的两分法，确切地说就是看似简单，同时又和生命本身一样复杂。我们所知的生命是由极其复杂的化学组合构成的，这些化学组合用外壁将自己与大环境隔离开，从周围提取能量，并最终进行繁殖，制造出自己的活体复制品。几乎所有研究生命的人都同意这些是生命的定义。但生命还有另一个属性：它不仅能繁殖，还能进化。进化是提高效率的一种方式，是抵御环境变化的一种方式，甚至是在空间或食物的竞争中胜过对手的一种方式。关于进化的教科书通常把查尔斯·达尔文对加拉帕戈斯群岛雀类 [1] 的观察作为他提出"进化是通过自然选择过程发生"的基本原则的首要案例，也成了我们对这一理论的理解。然而，自从动物和植物被驯化以来，达尔文之前的几千年间，大多数农民对进化演变的理解已经非常直观了。达尔文时代的英国绅士们的生活来源主要是农业。但由于英国恶劣的天气和较短的生长季，他们的大部分财产都来自牛羊。而家畜饲养者在饲养过程中，都会直接观察到进化演变——更多产的家畜、更好品种的狗和马的定向育种。为了繁殖绵羊从而获利，人们当然需要高度培育的犬种。而

[①]即后文陆续提及的新综论（new synthesis）、现代综论（modern synthesis），又称现代进化综论（modern evolutionary synthesis）或现代达尔文主义。——译者注

作为羊毛和羊肉的补充，人们
需要猪、鸡和牛，并且通过形
态变化产生"更好的"品系来
进行选育。但是，所有这些变
化都逃不过众多好奇者的观
察，其中就包括达尔文。[2]

在这个残酷世界里，人们
引导野生动物发生生物变化，
使其成为可以圈养并为庄园主
谋取利益的动物，而对那些善
于观察的英国农民而言，几世
纪如一日地饲养这些动物的传
统给了他们不错的洞察力，他

查尔斯·达尔文像。朱莉亚·玛格丽特·卡梅
隆（Julia Margaret Cameron）摄，约 1870 年，
国会图书馆印品与照片部。

们会细思在这世界里发生了什么。这些动物必须变得更温顺、体形更
大以得到肉（对绵羊来说，则是羊毛），才能用它们赚到更多钱，而
且，如果可能的话，它们必须比自然情况下生长得更快并产生更多后
代。狗被培育来帮助人类获取食物，也用以陪伴。它们还被培育来放
牧大型草食动物，最终则是战斗和杀戮——无论是老鼠、捕食者还是
人类——或者驱赶鸟类，然后在鸟被射中后将它们叼回。它们有时得
过着孤独的生活，不再成群结队。

这些"新"的家养动物并不是通过正常的自然选择从它们原始的
物种级别的起源进化而来的；它们是通过一种野蛮的人为诱导的自然
选择进化而来的。除了那些有可能具备所需技能的物种，其余的一出
生就被杀死了。在达尔文的名著《物种起源》（可以说是取名不当的伟

大著作之一，因为它从未在分类学的物种层面上公开谈论进化）中，一些最重要的章节涉及动物的驯化，这并非偶然。

十九世纪，达尔文用了数十年才提出了他的进化论。他的结论一方面是通过直接观察得出的，另一方面，同大多数科学一样，借鉴了前人的事实和结论。一位对达尔文至关重要的学界前辈是极具影响力的英国学者托马斯·马尔萨斯（Thomas Malthus），他极有先见之明地写到了人口迅速增长的危险性。[3] 马尔萨斯尤费笔墨写了人类过多的情况，但达尔文意识到人口庞大带来的危险与所有生物有关，而不仅仅是人类。

马尔萨斯并不是凭空捏造，他的结论也是部分基于前人观察而得出的。对马尔萨斯的一大影响人物是博学的美国人本杰明·富兰克林（Benjamin Franklin），他先于马尔萨斯对人口增长的影响提出了警告，他关注的是美洲殖民地。

不过，我们当今社会现在才真正领悟的道理，当时的马尔萨斯就已再明了不过。尽管我们有神奇的能力可以通过科学增加作物和粮食的产量，但人类的食物供给终归是有限的，这对我们的影响在本世纪就必然会显现端倪——全球变暖令格陵兰及南极的冰盖融化，导致海平面上升而可能威胁到全球低海拔地区的农业。海平面上升（目前全球有相当数量的食物所在的种植地将在本个及下个世纪的海平面上升中被淹没），再加上在二氧化碳浓度渐增的大气下作物的减产，使马尔萨斯的这些话更具先见之明：

　　　人口增长的能力太过超出地球为人类生产生活资料的能力，因而人类必定会在这样或那样的原因下过早死亡。人类的恶行积

极而有力地减少着人口，充当毁灭大军的先锋，通常靠它们就能
完成这个恐怖袭击。但倘若它们在这场灭绝战争中落败，大大小
小各种瘟疫就会以可怕的阵列接踵而来，以成千上万之势扫灭人
类。如若仍未获全胜，大饥荒就会悄行而至，让人类在劫难逃，
它犹如一记重锤，将人口数砸至同全世界的食物相当的水平。[4]

　　这些话对达尔文产生了巨大的影响。他是个才智超群的人，能将
此论点融会贯通，不仅用于人类，也适用于任何动物种群；而在随小
猎犬号的漫长航行返航后，愈发深居简出的达尔文开始对动物界日益
产生了远甚于对人类的浓厚兴趣。但无论如何，马尔萨斯的工作对达
尔文的伟大突破——或三大突破——的认知发展至关重要。

　　达尔文主义是建立在三个直观易懂的"命题"基础上的，它们已
众所周知。第一个命题是，一个给定物种的任何种群产生的个体都将超
过环境资源所能承载的数量。第二个命题是，那些解剖或生理特征使
它们不会轻易死亡——无论是同类竞争导致的饥饿，还是被捕食者猎杀，
或是由于生理效应——的个体，将会优先存活下来，并由此最终将比其他
略逊一筹的个体生育更多后代。达尔文著名的"适者生存"（survival
of the fittest）将适合度（fitness）视为生物学的"终极大奖"：生存到
足以繁殖的年龄，然后成功繁衍后代。鉴于自然界中大多数生物体在
生命早期就被杀死了，得到这个大奖可绝非易事。而第三个命题是，
那些确保生存的特征将会遗传给后代。这些带来生存机会的特质（有
时是仅靠运气，但更多时候不是）可能会给下一代带来成功。

　　达尔文由于提出了第三个命题而在我们这个时代备受推崇，这一
命题明确描述了遗传，而在他那个时代，我们现在所说的遗传学还没

有严格的科学基础。达尔文在不知道我们现在所谓"基因"组成的情况下，构想出了通过自然选择发生的进化。但他当然明白它们是肯定存在的。达尔文提出，使个体有能力生存的因素是"被选择的"。在他伟大的经典名著最终问世的一个世纪之后，DNA 才被发现。但即使是最拙于观察的人也知道，孩子会与亲生父母和祖父母相像。自然界中，在构成一个种群的众多父母的大量的新一代中，有些会生存，有些则会死亡。达尔文的天才之处在于他预判了地质时代究竟有多长，这在那个时代是罕见的。达尔文相信，最终正是由于经年累月的自然选择导致了缓慢的种群兴衰，才产生了进化演变。与大多数物种的种群所经历的漫长时间相比，一千年也不过是微不足道的一小段时间。如果他仅仅是个农学家的话，是无法得出这个结论的。最终，进化论需要地质学才能成为现实。而在达尔文生活的年代里，地质学已经形成了一门科学，它最首要关注的是时间及其度量。

达尔文 VS. 拉马克

冥冥中似有灵犀，2009 年是《物种起源》发表 150 周年，也是达尔文诞辰 200 周年。而这也是让 – 巴蒂斯特·拉马克的《动物学哲学》发表 200 周年。在这本书中，拉马克中肯地描述了自己关于生物体进化演变的理论：它是由有利的"表型"（如特定的形态）变化所驱动，这些变化并非随机获得，而是通过生物体与其所处环境的某些方面——或更常见的是某些挑战——的交汇；这一交汇不仅改变了这个生物体从此之后的生活，它还可以被遗传下去。

但五十年后，达尔文所支持的则是不同的观点：生物体的变化是随机的、不定向的；而这变化不过是在他新定义的"自然选择"作用下的大种群中的形态总和。[5]

　　虽然达尔文在《物种起源》的前两版中对待拉马克学说的假设不是无视就是驳斥，可在之后的版本中，他一改最初全然抵触拉马克主义的态度。[6] 随时间推移，尽管达尔文依旧未对他已故的可怜前辈表示出太多赞赏，但他对拉马克的一些看法产生了兴趣。例如，从《物种起源》第三版开始，达尔文就摒弃了原有观念，开始将拉马克主义的方方面面纳入书中，其中最重要的就是拉马克提出的获得性性状遗传（可简称获得性遗传，inheritance of acquired characters/characteristics，IAC）的概念。[7]

　　从第三版开始，达尔文承认了这种获得性遗传的可能性，但他认为，与他所看好的随机的、不定向的变异机制相比，获得性遗传的重要性微不足道。但随着达尔文不断更新《物种起源》，他对获得性遗传的认同与日俱增，并最后因这种态度转变遭受了各种批评。而对那些赞同获得性遗传在进化演变中真实存在又举足轻重的人（表观遗传学家）的批判持续至今，因为获得性遗传是可遗传表观遗传学的核心。

　　在拉马克关于进化的概念中，有诸多不受欢迎之处。他不相信灭绝，而相信物种是从一个转换为另一个，这么做是因为它们一代又一代地遵循着他所认为的追求完美的本能。本世纪或更长时间以来，我们总是下意识地反对拉马克的准则，而新的发现则要我们对此进行彻底反思。

时间的考验

　　自《物种起源》首次出版以来，达尔文的进化论经受住了所有的科学挑战——直到本世纪，情况才有所变化。以下是简要版的达尔文进化论：

1.被称为基因的结构中有着每一个生物体的一种"字符"编码模式。

2.这一模式被复制并传递给后代。

3.复制从来都不是完美的：变异是通过复制错误或随机（非定向的）突变出现的。这就产生了变种。而更重要的变种则是通过有性繁殖引入的。

4.变异的成员相互竞争，因为产下的后代比能存活下来的要多。

5.存在一个令某些变种能胜人一筹的多层面的环境。

6.存活下来并继续繁殖或繁殖力最强的个体，拥有最多有利变异。因此，它们是受到自然选择的。

其中的一个关键点是，自然选择并不具前瞻性：每一代总是适应于其父母所在的环境（比如蝉这样的昆虫，它们可以埋于地下潜伏数十年，直到最终破土而出，而当时的环境可能有利于其父母，也可能并不利于其父母）。进化无法使一个生物体去适应可能出现的未来环境，只能适应其父母所经历过的环境。

如今，拉马克主义的复兴（即前文提到的"新拉马克主义"）使许多生物学家承认，一场进化论的重大革命可能近在眼前。起因为何？这源于一个发现：DNA 分子以其巨大的长度容纳着基因，而附着在 DNA 分子上的小分子能够引起类似于基因突变的生物变化，但速度更快。简单说来，突变是构成基因某些部分的遗传密码的字母发生了变化。而这个新过程是一种表观遗传学，它没有修改基因密码，各种核苷酸组合依旧还是原来的顺序（核苷酸组合对应特定的氨基酸，而它们又会被一并揉入形形色色的维持生命运转的蛋白质中）。但有时附着其上的小分子会改变它们的行为，其效果就好像遗传密码已经改变了一般。实际的生物变化是由生物体存续期间持续发生的一个行为所致，而这一行为以拉马克描述的方式进行着。

达尔文主义的一个主要原则是，在个体一生中获得的所有性状都不会对其产生任何遗传效应，即使这些性状可能有助于个体生存。我们假设说，加拉帕戈斯群岛（Galápagos Islands）上某只雀鸟的喙因意外而折断，由此产生的锯齿形边缘使得该个体能更高效地取食多刺的仙人掌，而这种新型的喙随后被传给这只幸运小鸟的后代，于是所有它的雏鸟都有同样性状的鸟喙。这是荒谬的。但是，在父母一生中发生的事件能够导致变化，如果不像上例中那般直接的话。

尽管达尔文知道，遗传必然存在，却一直不清楚遗传机制的特性。但他当然明白，被拉马克描述为"获得性遗传"的过程（像当时所有的英国年轻绅士一样，达尔文读法语书），是在他之外并不晚于他的其他试图解释进化演变的唯一一个科学理论的核心内容。到了达尔文的时代，这种获得性特征的遗传机制已经有了另一个名字，这个名字满是蔑视——拉马克主义。在这个背景下，拉马克的另一段话是这样说的：

> 我们难道没有因此认识到吗？通过组织的一系列规律的作用……在适宜的时间、地点和气候条件下，自然繁殖了她第一批动物"种子"，使它们的组织得以发展，令它们的器官长大并变得多样化。然后……在漫长时间和缓慢但持续的环境多样化的帮助下，

　　她逐渐形成了我们如今所见各种事物的此等状态。这种考量有多宏大？尤其是，它同人们对此的普遍看法之间相差又有多大？[8]

　　在《物种起源》出版之后，达尔文还活了好多年，尽管缺乏足够的勇气，但他清楚，自己的伟大理论如果要被接受，不仅需要进一步的科学证明，公关工作也不可或缺。他深谙推销之道，知道必须让竞争对手深埋地底。于是托马斯·亨利·赫胥黎（Thomas Henry Huxley）等就攻击了当时早已去世的拉马克。[9]获得性特征或性状的遗传？不可能的。也就是说，在人们认识到获得性遗传非但可能发生而且十分普遍之前，它已经对我们人类产生了巨大的社会和生物学影响；而且在这种情况下，这种巨大的影响仍在发生，并将持续下去。

　　达尔文期冀着，写在化石记录上的历史迟早会支持他关于进化论的论点：这种变化是一点点发生的。用别人的话转述达尔文的意思就是："自地球生命伊始，就有这样一种紧密且融洽的联系，若能得到完整记录，就能建立起一条从最低等的生物体到最高级的生物体的完美的生命之链。"[10]

　　他还明确阐述了一个物种是如何进化到下一个物种的：（1）新物种由祖先种群转化产生；（2）转化是均匀且缓慢的；（3）转化包含了祖先种群中的绝大部分；（4）转化发生在祖先种群的大部分或全部地理分布范围内。

　　达尔文写下了他对化石记录的期望，它应该描述一个连续的、可观察的（化石）谱系，正如他所指出的："根据这一理论，必定存在过无数的过渡形式，可为什么我们没有发现它们大量埋藏于地壳中呢？"[11]这得归因于地质记录的不完整。

达尔文在自己的书面陈述中引用了卡尔·林奈的一句名言，从中找到了慰藉：

> 由于自然选择仅仅是通过累积微弱的、连续的、有利的变异来发挥作用的，因而无法产生巨大或突然的改变；它只能采取非常谨慎和缓慢的步调来起作用。因此，每当我们得到新知时，都会令"自然不会飞跃"的准则变得更为正确，而在这一理论上，该准则就极其明了了。[12]

"自然不会飞跃"或者说"自然不会骤变"，意味着进化的发生缓慢而循序渐进。这是达尔文的核心理念。可化石记录却并非如此。化石记录显示，在物种上有更多的"骤变"。

自然不会骤变。但是，达尔文在他的大农场里看到了许多家养动物发生的骤变。即使在只有数年而非数百万年的时间尺度上，不少狗、猪、牛和鸡（尤其是鸡！）都显现出了"骤变"。"自然确实飞跃了"（*Natura facit saltum*）。然而，在家养动物以外，要真正理解物种形成，这个时间尺度则是不合适的。微生物的物种形成显然能在几天或几周内发生。而对野生动物来说，要更长一些。但是，若把化石记录比作一本书，它的本质就是，书页确实如纸般轻薄，却承载了厚重的时间。"书页"就是地层。地层是软质沉积物被埋藏、挤压和岩化的结果。然而，我们对每一个地层的形成、填以化石从而"印出"化石记录的数据需要多长时间，几乎一无所知。在一些深海沉积物中，至少每两万年才会形成一个完整的地层。对于被称为颗石藻（coccoliths）的微小植物（其骨骼构成了白垩地层，而这些骨骼又包含有足够的形态特征来识别种间差异，就像我们能轻易区分人类指纹一样）而言，产生一个新物种的时间可能远远不到两万年。因此，每一层都可以有一个完全不同的物种，却看不到任何中间体。而这些就是达尔文需要的中间体。但让他未能如愿的是沉积过程，并不是进化。我们现在知道了，是沉积的速度太慢，来不及捕获物种形成事件，而这就是荒谬的神创论谎言的根源。

二十世纪

查尔斯·达尔文在他数番出版的巨著中，一次又一次地抨击着化石记录：问题不在于他的理论，而在于化石记录本身。正因为如此，古生物学对进化论的卫道士来说成了一个日益增大的阻碍。到了二十世纪四十到五十年代，这一阻碍只增不减。而数据还是那些数据；改变的是对数据的诠释。到了二十世纪中叶，化石造成的问题已经非常严重，再也不容忽视：即使在达尔文后又增加了一个世纪的化石收藏，化石记录还是不支持达尔文关于进化如何发生的观点。

二十世纪最伟大的古生物学家乔治·盖洛德·辛普森（George Gaylord Simpson）在上世纪中叶不得不承认关于化石记录的一个事实："正如每个古生物学家知道的，大多数新的种、属和科，以及几乎所有新的科以上的分类层级，在记录中是突然出现的，并不遵循已知的、渐进的、完全连续的过渡序列——这一点仍是正确的。"[13]

不过，尽管古生物学似乎反对达尔文，[14]其他领域却给予了他支持。从二十世纪三十到五十年代，达尔文进化论的主流范式（在很长一段时间内只靠随机突变引起的缓慢而渐进的变化）似乎因遗传学的发现而得到了加强：进化学者罗纳德·费希尔（Ronald Fisher）和费奥多西·杜布赞斯基（Theodosius Dobzhansky）的著作和分析进一步支持了基于渐变的基因频率的进化范式。它将自然选择同当时迅速发展的遗传学领域和生物学的突破结合在一起，形成了一个共识，被称为"现代综论"（modern synthesis），有时也被称为"新综论"（new synthesis）。

现代综论使进化过程第一次可以借由数学的方式来描述，即随时间发生变化的种群遗传变异频率——例如，兔子对黏液瘤病毒的遗传抗性的传播。[15] 而在二十世纪六十年代又出现了"异域成种"（allopatric speciation）的新概念：[16] 新物种的形成不是通过渐进的转变，而是通过被地理隔离又迅速适应了新环境的少量母本物种。经过一段足够的时间后，如果这个小而新的"奠基者"种群和它们先前脱离的原母种群（mother population）再次相聚，两者间也无法交配繁殖了。按照最严格的物种定义，它们就是独立的物种。哈佛大学的恩斯特·迈尔（Ernst Mayr）后来成为了现代综论的大师，他对异域成种的概念描述如下：

> 我的理论的主要创新之处在于，它断言了最迅速的进化演变并不像大多数遗传学家所声称的那样，发生在分布广泛、数量众多的物种中，而是发生在较小的奠基者种群中……结果，遗传学家将进化简单地描述为种群中基因频率的变化，而完全忽视了进化是由适应性和多样化这两种同时发生却又截然不同的现象组成的事实。[17]

于是，就在二十世纪中期，古生物学的重要性和影响力在进化论的"贵宾席"上大不如前，而最终将之打入谷底的，是诺贝尔奖得主、物理学家路易斯·阿尔瓦雷茨（Luis Alvarez）的言论，他对二十世纪八十年代初的古生学家深感失望，称他们为纯粹的"集邮者"。[18]

如前所述，化石记录过于粗放，无法展示物种形成。大多数时候，进化演变发生得太快了，导致化石记录中只能看到祖先和后代。例如，如果某种青蛙有一个从其较大的母种群中分离出来的小种群，这些为数不多的被隔离出来的青蛙会发现自己身处一个新环境中，而这个环境更有利于另一些性状，这些性状与得自它们物种最初形成地的重要性状相比，截然不同；这个小而隔离的环境自身有多大的概率会留下化石记录呢？如果这个新物种的成员后来回到了原始种群依然生活和繁殖的地方，并在那里留下化石，就不会有进化中间体的任何记录了。

但还可能出现另一种情况。如果被隔离的青蛙种群所处的环境有利于将它们的尸体保存为化石，并随时间推移在地层中累积，那会怎样呢？此外，如果这些地层不是持续形成，而是偶然形成的呢？如果用以年为单位的世代长度来表示青蛙尸体被偶然产生的地层所保存的能力，在一个可能要五十代或一百代的时间才能形成新的含化石地层的地方，我们将看到五十代以后的青蛙"突然"出现。现在，再加上这一认识——通过表观遗传方法产生的进化演变似乎能比达尔文进化的随机、偶然突变引起的变化速度快几个数量级。新物种作为化石的"出现"将显得更加突如其来了。

因此，许多或大多数物种似乎是瞬间出现的，至少作为化石是这样。这些物种与它们的直系祖先相比，变化如此之大，所以发生的远不止一个简单的单个突变。在现代综论的框架下，突变是随机的。它们并没有方向。可是，物种突然出现在化石记录中，这样的情况接二连三地发生，就算是在那些存在快速沉积作用而能看到达尔文提出的"潜移默化的系列"的地方亦是如此。实际上在某些情况下，如在充满了微小的钙质或硅质浮游生物化石的深海沉积物中，化石记录也昭示着，有些事情若基于现代综论似乎是不可能发生的。

而在二十世纪七十和八十年代，随着异域成种的情况愈发强烈，一个看似可行的解答出现了。物种形成发生在隔离的小种群中——这一假设对解释化石记录很重要，只待好奇的聪明人出现，对进化思想最重要的世纪级贡献就应运而生了。尼尔斯·艾崔奇（Niles Eldredge）和斯蒂芬·杰伊·古尔德以此为科学基础，提出了一个革命性的假说，其被命名为"间断平衡"（punctuated equilibria），[19]在二十世纪七十年代末，它又被亲切地称为"蹦移"（punk eek）。上文中假想的青蛙就是一个例子：一个从较大的母种群中割裂出来的小种群。而这小小的奠基者种群被保存在化石记录中的可能性却微乎其微。

艾崔奇和古尔德将这一概念与化石记录的本质融合在了一起。下文引自他们 1977 年发表的最早论文之一："异域（或地理）成种的理论提出了对古生物学数据的一个不同（于达尔文的）解释。如果新物种在小的、边缘隔离的局域种群中迅速出现，那么潜移默化的化石序列极有可能就会表现为嵌合体。一个新物种不会在其祖先生活的区域进化。"[20]

此外，古尔德还谈到了化石记录和进化留下证据的能力，这些证据即是达尔文为了支持他的理论所需要的"潜移默化的系列"过渡性化石："在化石记录中，过渡形态极其罕见，这一直是古生物学的行业秘密。用来装点我们教科书的进化树只有枝端和节点有点数据，而其余的都是推论，无论多合理，并不是化石证据……所有的古生物学家都知道，化石记录中的中间形态殆无孑遗，主要群体之间的转变通常十分突然。"[21]

于是，到二十世纪末，进化论者努力总结了新物种形成的若干过程：

　　1. 新物种产生自谱系的分离。

　　2. 新物种发展迅速。

　　3. 一个祖先形态的小型亚种群产生了新物种。

　　4. 新物种起源于祖先物种地理范围中的很小一部分——位于分布范围边缘的一个隔离区域。

这四句话又蕴含着两个重要的结果：（1）在含有祖先物种化石的岩石的任意局部剖面中，关于后代起源的化石记录应该包括介于这两种形式之间的一个明显的形态间断。该间断标志着祖先分布范围的迁移。（2）化石记录中的诸多间断是真实存在的：它们表示着进化发生的方式，并不是不完美记录的碎片。

现代综论之后：在二十一世纪受到攻击的达尔文式进化

在世纪之交，现代综论仍固守旧有理论，认为形态变异和 / 或生理变异的新来源是来自随机基因突变；这种代代相传的遗传只能通过传给下一代的 DNA 进行；而自然选择是适应的唯一原因。但与此同时，表达不同意见的声音也越来越多。他们的观点是对这些传统成见的警示。最关键的反对意见是，进化论依然存在重要的"缺失的拼图"。其中主要的是，把所有进化演变都归结成完全"以基因为中心"

是一个错误，而进化学既定理念所坚持的不存在所谓"软遗传"（soft inheritance），亦是错误。"软遗传"是一个术语，旨在概述某种遗传的可能性，这种遗传修改基因但并不改写其本身的原始遗传密码。

新观点认为，我们对一些机制关注过少：一个物种中某些成员的变异还可以来自生物体发育期间（从受精到出生）的差异；个体所经历和生活的环境的变化可以影响其最终的生物构成（从形态学到生理学再到行为学），尤其是越来越多观察到的现象表明，生物体在一代一代之间所传递的并不只是基因。在二十世纪的观点中，这些现象就是进化的结果。[22] 而在二十世纪末和二十一世纪初，对与日俱增的自称为"表观遗传学家"的生物学家而言，这些现象也是进化的重要原因。[23]

生物学家使用可塑性这个术语来描述形态或其他非常多变的性状，如体形、生理方面，甚至行为：可塑性状是不稳定的（或是多变的），通常在单个性状上就可表现为各种各样不同的变种。这样的性状之一就是狗的毛发颜色：同一窝幼犬的毛色会五花八门。人们逐渐了解到，高可塑性可能会提高具有可塑性状的物种的生存能力。但一个意想不到的转折是，可塑性不仅使得生物体能应付新的环境条件，而且在面临一种全新的环境或环境条件时，能够产生性状，量身定制的性状。在该观点中，首先显示的是性状；以遗传方式"巩固"这种性状的基因只会在后来才出现，而这可能要到几代之后才会发生。新的适应性或性状就这样能被环境诱导，而一旦各就其位，这些适应性就能让生物在新环境中定居下来，并隔离出一个可能成为新物种的小种群。

达尔文模式的一个推论是，每个出生的生物个体都是父母成功繁殖的产物，因为来自基因的某些性状使它们在父母生活的环境下得以生存。因此，达尔文式的进化是后顾型的。在瞬息万变的环境中，那些发育期长、较慢成熟的物种会发现自己所处的环境同其父母生活的环境截然不同。比如前文提到的蝉，蝉的幼虫在地下度过几十年，经历了一个漫长的"瑞普·凡·温克尔①"式的发育期后才破土而出，再交配繁殖。相对那数十年的地下生活，它们出来后的环境可能确实不同。但它们的生存能力却能通过形态和生理可塑性得到增强，通过表观遗传学发挥着作用的是新环境，而不是它们父母对旧世界的遗传适应。

当下的状况是，进化论领域需要修正到什么程度。这只有经历时间检验才能确定了。但正如历史学家的老生常谈，历史是由胜利者书写的。表观遗传学的发现究竟是革命性的，抑或只是进化广厦的又一次扩建，这只是一个语义问题。但在我自己的领域——古生物学（paleontology）和化石生物学（paleobiology）中，表观遗传学自认的革命给了我们一种全新的时间机器，而我们可以用它来探索和演绎那些早就逝去的生物。

---

①美国小说家华盛顿·欧文（Washington Irving）所写短篇小说《瑞普·凡·温克尔》（*Rip van Winkle*）的主角，他在山间有了神奇经历，饮酒睡去，二十年后才醒来。——译者注

第四章　表观遗传学和更新版新综论

　　让我们来为本章开篇吧，出发点是对表观遗传学的现代理解，风格是类似本书前言的方式，而对象则是我奉献了一生时间去研究的具外壳的头足类动物的进化。这次要说的并不是化石，而是现代的鹦鹉螺物种，在某些地区，它们因为被捕捞正开始走向灭绝。需要警醒的是，显然，地球上任何动植物都无法冒险承受的一个性状就是"吸引"人类。从鸟类羽毛到珍稀植物，从蝴蝶到鹦鹉螺，以及许许多多其他美丽的贝壳，变得"有收藏价值"也就意味着有灭绝风险。

　　2012 年，我对澳大利亚大堡礁一带的鹦鹉螺种群进行了一次采样考察，专门去调查生活在珊瑚礁海洋保护区的鹦鹉螺，看它们是否会像在因漂亮贝壳而遭捕捞的地方（如菲律宾和印度尼西亚）一样稀少。上世纪九十年代在大堡礁进行的研究表明，该地现有两种不同的接受种。一种是珍珠鹦鹉螺（*Nautilus pompilius*），它是分布最广的鹦鹉螺，横跨广袤的太平洋和印度洋。第二种是白斑鹦鹉螺（*Nautilus stenomphalus*），只发现于大堡礁。它与常见的珍珠鹦鹉螺的不同之处在于，它的壳正中心有一个孔，而珍珠鹦鹉螺此处则是一个厚厚的钙质盖。壳的颜色和纹样也有明显差异。但二十世纪末，当人们在白斑鹦鹉螺深达几千英尺的栖息地中第一次找到它的活体时，科学家们惊讶地发现，白斑鹦鹉螺厚厚的"垂片"构造也有着显著不同，这是一个较大的肉质区，在鹦鹉螺缩入壳内时盖于壳口保护内脏和其他软体部分。珍珠鹦鹉螺的垂片被点点微凸的似疣肉质隆起覆盖。而白斑鹦鹉螺的垂片则覆着一丛毛状突起，就像一厚层茂密的苔藓，或似细小肉树；垂片的颜色也完全不同。[1]

2012 年的考察是为了采集这两个"物种"的 DNA 样本，以及更好地了解在指定海底区域内生活着多少鹦鹉螺。我们在九天内捕获了三十枚鹦鹉螺，从每只鹦鹉螺的九十根触须中的一根上，剪下一段一毫米长的末端，并且全数活着放归了它们的栖息地。之后，所有样本都在能读取 DNA 序列的大型机器上进行了分析，令我们大吃一惊的是，我们发现珍珠鹦鹉螺和与其形态不同的白斑鹦鹉螺两者的 DNA 是相同的。[2] 没有遗传差异，形态却截然不同，对此，最好的解释方式是回到进化中最有用的类比之一：一个球从有着许多条凹槽的斜坡上滚下来，球会从哪条凹槽滚落（与成年动物的最终结构或"表型"相对应）受控于球被推动的方向。在进化中，一个生物体的最终形态是由该生物体在生命早期所接触的环境的某些方面造成的——可以说，在鹦鹉螺的情况下，差异就产生于它们在孵化前一整年里在大卵中缓慢发育的过程中。也许是温度上的差异，也许是胚胎在孵化前遭遇的外力，或是刚孵出来的小鹦鹉螺（直径一英寸，有八个完整的腔室）找到的不同食物，抑或是被袭击而存活下来，比如有两种不同的捕食者。这就是珍珠鹦鹉螺和白斑鹦鹉螺不是两个物种的原因。其实它们就是一个物种，但表观遗传的力量导致它们的外壳和软体部分大相径庭。地球上的物种可能比科学定义的只少不多，而这样的情况正愈演愈烈。

生物学家越来越多地发现，曾被认为是不同物种的生物实际上是同一物种。最近就有个例子，以前已被接受的两种巨型北美猛犸象（哥伦比亚猛犸象和真猛犸象）在遗传上是相同的，但两者所具有的表型是由环境决定的。[3]

第三个时代：表观遗传学加入

十八世纪晚期的拉马克主义让位于十九世纪的达尔文主义，而后，二十世纪的现代综论，在古生物学、遗传学，以及分子生物学结论（如 DNA 的发现）的补充之下，修正了达尔文主义的系列理论。增补内容对过去和现在的进化理论进行了扩充，并赋予其更丰富的细微差别和更强大的解释力。然而，即使有了这些里程碑式的发现，主要问题仍未得到解答，其中最值得注意的是来自进化演变的化石记录的实例，这些进化演变似乎是在没有中间媒介的情况下发生的。[4]缺少"缺失环节"给了那些诉诸超自然力量者更多用于攻击的弹药，而这，事实上也是许多主流宗教所仰赖的。

二十一世纪来自表观遗传学的发现，则再次需要对进化论进行补充或修改。[5]研究表观遗传过程得到新发现的速度越来越快，某些群体宣称这些发现不亚于一场"科学革命"。而其他人则没那么乐观。可无论它们是否被视为革命性的，没有人否认表观遗传学发现的重要性。然而，争论很大程度上是起因于表观遗传学一词本身的诸多用法。

表观遗传学这一术语有许多相互矛盾的用法，这毫无疑问导致了科学家之间以及科学家和科学记者之间的巨大分歧。这并不是一个孤立事件：科学界中有很多例子，不同科学家在差异较大的语境中使用特定术语，虽是同一个词却具有完全不同的含义；因此就出现了混淆。

仅在近十年里，关于表观遗传学的书籍、热门文章和科学评论与日俱增，而在其中，该词的含义和用法也五花八门。并且，据众多批评家的说法，它还被滥用了。

这个词源自英国生物学家康拉德·沃丁顿（Conrad Waddington），[6]他认为，表观遗传学所研究的是，"基因型"（一个生物体所包含的全部基因）如何翻译成"表型"（该生物体的实际物质表现），以及它不同和特定的化学性质及产物，还有我们日渐了解的它的行为。但对其他一些科学家而言，该词还有一个更为具体的含义：表观遗传学所研究的是，能从一个生殖细胞传递到另一个细胞（或是体细胞，或是精子、卵子等生殖细胞）的可遗传的基因功能，它不涉及改变原先的DNA序列。而正是后一种情况能导致重大的进化演变。在"减数分裂"的过程中，有性繁殖的生物体中的细胞（精子和卵子）发生复制，被置入精子或卵子的信息，就像来自异国的神秘文字，只有在受精后才会变得清晰可辨。

表观遗传学（或称可遗传表观遗传学，或新拉马克主义）是一系列不同的过程，它们能导致进化演变，并决定生物体如何从单个受精卵（至少在有性生殖的生物体的情况下）发育为成体的样子。有人说，这只是对已知过程的微小调整，在更宽泛的进化演变或是过去甚至未来的生命史的体系下是微不足道的。[7]但是对另一些人而言，虽然对表观遗传学仍知之甚少，但它可能比主流进化论重要得多，而主流进化论者当下已然接受了这一点。对少数人来说，源源不断的表观遗传学发现正在引发一场逐渐显露的科学革命。但是，在我们称之为"生物学"的众多领域中，这些发现并不均衡。重大突破主要是探索细胞及胞内分子（包括DNA和RNA及遗传学的其他方面）的研究。但迄今为止，在将表观遗传变化与化石和化石记录所证明的许多事件相关联这方面，进展甚微。

在遗传学中，基因会被突变扰乱并被永久改变。当一条 DNA 长链上的单个基因被非常小的分子"污染"时，就会发生表观遗传效应，这些小分子每一个都只附着在长长的 DNA 分子的单个小位点上。这能够致使一个活跃基因（如指示一个特定蛋白质产生的基因）的正常活动受到阻碍，那种蛋白质便不再产生了。但有时，就是这样的一个阻碍可以影响数百个基因的正常运作，比如当一个主控基因（称为 *Hox* 基因）无意中被关闭的时候。因为 *Hox* 基因控制着数以百计的其他基因，告诉它们在何时何地打开和关闭，该基因上的单个表观遗传改变现在就影响着大量其他基因。*Hox* 基因决定了器官、四肢、皮肤和正在发育的生物体的每部分的构造。引起 *Hox* 基因关闭能够产生深远的生物学影响，远远超过任何单一突变。通过这种方式，表观遗传变化有能力从根本上迅速地改变一个生物体的结构——无论好坏。

在表观遗传学中，那些不活跃的（沉默的）基因能就此被唤醒，并通过环境刺激开始在生物体中引发生物学效应。如果环境刺激不存在，就不会产生这些生物学效应。它们不一定是永久变化：附着的小分子并不是永久结合在一处的。DNA 早就进化出了自我修复的方法，包括清除这些有害分子，因此，在大多数情况下，影响我们的表观遗传变化对我们的后代没有影响。但有时，这些表观遗传变化确实通过卵子和精子传了下去。

表观遗传学研究事实上可归结为对两种类型表观遗传变化的观察。第一种变化是生物体经历的"正常的"表观遗传变化，由自然选择磨砺而成。例如，我们身体中的每个细胞都包含了所有必要信息，这些信息使之成为维持我们生存所必需的众多特定种类的细胞之一，例如神经细胞、肌肉细胞和许多其他生存必需的高度特化的细胞种类。每个细胞都包含着可以变成任何一个或全部的 DNA 信息。单个细胞确是如此。但多个就并非如此了。表观遗传学相关科学寻求的是，在特定时间、特定身体部位，一个特定细胞是怎么"知道"如何根据时间、地点和功能而变化成完全不同的东西的，而且这些变化是生物体能"预见到"并且是有利的。

第二种表观遗传变化则给生物体带来不可预见的修饰，虽不会改变特定基因的遗传密码，但也会将这些变化传下去。它引起的变化可微小可深远，也能够遗传。"拉马克式"的变化发生在某些情况下，如在环境中遭遇某些并不一定会在生物体一生中出现的事物，它通过附加微小分子或使维持 DNA 分子特定螺旋状的支架变形，导致 DNA 发生化学变化。而其他种类的表观遗传变化则可以是由小分子 RNA 对某种外部环境变化的反应引起的。

这些中的每一个都能通过开启或关闭基因来改变基因的行为方式。其中包括一些对我们生活最为重要的基因，它们通过改变决定情绪的激素调节和供应速率来影响我们的行为。

以下是对产生表观遗传变化的最重要的确切手段的完整描述：

甲基化（methylation）是将非常短的碳链、氧链和氢链加到 DNA 中特定的核苷酸上，这通常会抑制基因活动。

组蛋白修饰（histone modification）是关于作为 DNA 分子支撑结构的化学物质（组蛋白）。它们能通过使 DNA 或多或少进行自我包装而发生形变。当组蛋白因为附加了若干化学小分子中的一个（又是甲基分子，它是一个小分子，含有单单附带一个氢原子的碳原子）以及额外的由仅仅几个原子构成的小官能团而被修饰时，它们会集聚成更大的组蛋白，从而改变这一支撑细胞内 DNA 分子的化学"支架"的整体形状。当 DNA 被如此包装时，想要读取密码的小分子 RNA 就很难到达，而它们会进入细胞的蛋白质工厂，如核糖体，那里是 DNA 指定的蛋白质的实际制造之处。

第三种变化是由影响上述染色质（组蛋白）的微小 RNA 分子引起的（RNA 干扰，RNAi）。事实上，不同长度的 RNA 分子的多样组合现已被认为是基因表达的调控子，并在基因组中被用于抵御外来遗传元件，如病毒对细胞的攻击。小分子 RNA 可以修饰染色质结构的形状，并可以停止（沉默）转录过程，在这一过程中，基因决定着应该构建哪种蛋白质。

有时表观遗传变化会导致某种蛋白质无法合成，而有时它又会以独一无二的方式产生一种新的蛋白质，最重要的是，有时它还会使得一个调节基因（本质上就像是在体内热火朝天的建设项目中协调所有细胞的"总承包商"）彻底罢工。这就导致了任何单一突变都无法造成的巨大变化。这些影响个体的变化能够传给下一代。甲基分子则不会在实体上传给下一代，但它们在一个全新的（下一代）生命形态的相同位置上附着的倾向会传给下一代。这种甲基化是由身体突然受到伤害引起的，比如中毒、恐惧、饥饿和濒死体验。这些事件都不是由小甲基分子引起的，但它们会导致体内已有的小甲基分子簇拥到整个 DNA 上的特定及关键位点。这些行为不仅会影响一个人的 DNA，还会影响他们后代的 DNA。初露端倪的观点是，我们可以传承下去的，除了好习惯或坏习惯的物理和生物影响，甚至还有我们得自生活的精神状态。

这对自然选择的进化论而言，是一个十足的转变。可遗传表观遗传不是一个缓慢的、耗时千年的过程。这些变化可以在几分钟内就发生。被愤怒的情人胡乱击中头部，病态的、性虐的父母，吸入有毒烟气，以为触及神明而陷入癫狂等。所有这些都能改变我们，并可能因此改变我们的孩子。

可遗传表观遗传学认为，我们传递着相同的基因组，但基因组又被这样一种方式标记着（标记是正式术语，核苷酸像 DNA 梯子的横档一样，标记指的是甲基分子附上核苷酸的位置）——新生物体自己的 DNA 很快就会被这些新的（通常是不请自来的）依靠在染色体上的附加物包围。基因型并没有被改变，但是带有这种新来的、吸盘般的甲基分子的基因令生物体的工作方式焕然一新，比如维持身体健康或构建身体某些部分所需的化学物质的生产（或减产）。因此，经过表观遗传修饰的父母的孩子在表型上可能与其父母完全不同。表型是基因型（如人的头发和眼睛的颜色或是三围）或智商和大脑功能的物质表现。有时这些变化使幼体能够适应父母无法忍受的环境。有时这些变化会迅速创造出新物种。但有时后果却是致命的，而且这些变化还能传给下一代。换言之，一个年幼的孩童可能会遭受传自祖父的过错。

新的实验为智人这个物种和我们未来的进化提出了科学和道德上的重要问题。在有关表观遗传学的所有方面中，没什么比可遗传表观遗传更具争议了。表观遗传所产生的变化的传承方式可以被认为既是"直接的"也是"间接的"；这些都不是正式的定义，而是来自科学文献的常识性结论。

在直接方法中，DNA 的甲基化位置通过传递给受精卵而被标记出来。随着新生物体的发育，新基因组上的这些位点会再次发生甲基化。

关键的一点是，如果由环境影响形态（表型）所引起的"可塑性"变化可以预测（从而最终引发）实际的遗传变化，那么，除非这种影响发生在生殖细胞系（卵子和精子）中，否则不会有实际的进化效应。但是，另有一种不那么直接的方式可以将这样的变化传递下去。

展示这种间接方法的一个例子是母亲的行为。让我们以母鼠为例（这个过程也适用于人类母亲）。母鼠的成长环境很差。这在她的 DNA 中产生了一个表观遗传标记，当她成年后，这个标记会影响她的激素（尤其是她的应激激素），并导致她在怀孕和生育后，也会成为一个坏母亲。[8] 她不梳毛，也不爱她的小幼崽。之所以会有这种表观遗传变化，是因为她的母亲就是个坏母亲。但坏就坏了，这个坏还通过表观遗传变化改变了她的 DNA。生育之后，她的幼崽得不到很好的照料。它们所受到的影响，与它们的母亲在童年时因糟糕的亲子养育而带来的重大环境变化如出一辙。正因为如此，它们自己成为父母后的行为也由此被改变了。它们自身的各种应激激素和其他激素的水平受到循环往复的影响，致使它们"性本恶"。它们会变成坏母亲。于是，这将代代相传。不是通过标记配子的直接传递，而是通过它们母亲的行为，而这种行为本身是由有偏向的、表观遗传引起的激素水平调节的。

所以，那些认为去了解人性和缺乏教养的后果只是空谈，是不合情理的。[9]

生物体受到压力会引起表观遗传之外的变化。新的研究表明，压力水平的增加会导致突变率的上升。这对进化演变的影响是未知的，但由于大多数突变是有害的甚至是致命的，高压力环境中上升的突变率在大多数情况下并不能被视为一种提高适应度的手段。[10]

人们对表观遗传学仍然争论不休，譬如它的相对重要性，它在多大程度上是可遗传的，还有，即便确实有凌驾于传统之上的新思想，权威依旧认为随机突变是进化演变以及由此产生的记录即生命史的主要动力。这一论述的很大一部分来自于一种持续的信念，即所谓的"重编程"（reprogramming）会使附在 DNA 上的表观遗传附加物甲基分子成为一种非要素（nonfactor）——它们在受精时会被清除。长期以来人们一直认为这就是"真相"——父母的表观基因组（能修饰生物体基因表达和功能的化学物质补充物，如甲基分子，由于某些环境变化，在生物体的一生中，甲基分子可以粘附在特定基因上）发生了两次重编程（所有的表观遗传痕迹被清除）：一次发生在配子自身（未受精卵，或在周围等待为卵子授精的精子）的形成过程中，第二次则是在怀孕期间。擦除，再擦除一次。但现在的实验明确表明，在生物体一生中附上的某些化学物质确实会以这样一种方式留下信息——后代的基因会像父母一样被快速修饰。在新生儿（甚至是"尚未"出生的）的 DNA 分子长链上的相同位置，获得了与父母一方或双方所具有的相同的表观遗传附加物。这本不应发生。而所谓革命就是意识到了它的发生。这是拉马克的革命，而非达尔文的。

　　同样有争议的是，与后来的作家从其著作中所推断出的相比，拉马克真正理解的到底是什么。[11] 他似乎是凭直觉理解了这些科学属性，可是由于从法语到英语的翻译失真，还有两个多世纪前拉马克能使用的术语同现在大相径庭，似乎都曲解了这些属性。他的理解有时代局限性，因此包括了一些现在看来可笑的想法和结论，诸如灭绝是不可能的等等。但现实是，来自表观遗传学的解释，特别是可遗传表观遗传的机制，可以且现在必须被纳入更大的范畴之下，或是纳入进化和生物随时间发生进化演变的范式之中。

　　所有生物体在其一生中都会经历表观遗传变化。并不是所有这些变化都会传给下一代。但是它们概括起来有自己的术语。表观基因组（epigenome）这一术语就是用来描述一个原初基因组（卵子受精时生物体首次得到的带有编码基因的 DNA）的构成，该基因组在生物体的一生之内已获得了甲基化位点或组蛋白修饰甚至是小分子 RNA 相关的转录错误。由于这些变化的标记是在生物体的一生中逐步添加的，表观基因组会因此发生变化，但 DNA 密码不会。由是，表观基因组是被一生中的事件添加了标记的原初遗传密码。有些标记会传给下一代甚至几代人。那些被传下来的就被称为"可遗传的表观遗传"变化。

　　这个差异导致了大量修辞上的误解。被称为表观遗传学的领域其实包括了两种过程：一生中的"表观遗传"变化，以及通过时间传给后代的"可遗传表观遗传"变化。

　　众多科学历史学家争先恐后地去理解这个日渐火热但仍撇不清臭名的话题，并为其提供历史背景。科学历史学家们认为，从达尔文开始，进化论经历了三个"时代"。第一个时代，是最初的达尔文时期，确立了通过自然选择发生变化的原则。第二个则是现代综论，它增加了遗传效应的真实性质，并证明了重组和突变是如何能引起 DNA 的实际变化。而我们正在进入一个新时代，表观遗传学被加了进来。环境可以在不改变原始 DNA 序列的情况下，影响基因在空间（体内）和时间（生长期和晚年）上的表达方式、表达时间，乃至是否表达。

　　在 DNA 被发现之前，人们一直认为遗传是通过一种叫作基因的物质部件来实现的，但对基因的实际组成却几乎一无所知。而现在我们有了 DNA 的发现者之一弗朗西斯·克里克（Francis Crick）相当狂傲地（但可能是恰当地）称之为"生物学第一原理"的机制："DNA

制造 RNA，而 RNA 制造蛋白质。"[12]

这个"中心法则"似乎是说，DNA 是构建生物的唯一信息来源。几十年后，人们发现一系列控制基因，如动物中的 *Hox* 基因，这些基因决定了构建什么以及何时构建。而构建者（还有已经构建好的东西，这在该类比中听起来很奇怪，但克里克认为在生命范畴中这很重要）则不能改变整个结构的蓝图。

我们看到生物学中"中心法则"仍然占据主导地位，但不再是唯一的教条。从进化的角度来说，外部力量可以改变剧本。因此，对于由 DNA 上的信息确定的蛋白质或某些生命活动而言，由什么构建，在哪里构建以及如何构建，"遗传控制"已不再是唯一的决定因素。环境可以改变很多事情，不仅仅是特定电影中的场景。它也可以通过可遗传性改变这部电影的所有续集。难怪有些人声称，可遗传表观遗传学正在引发一场科学革命。

二十世纪的事件，二十一世纪的推论和发现

2012 年，奈莎·凯里（Nessa Carey）[13]的划时代著作《表观遗传大革命》（*The Epigenetics Revolution*）从化学和生物学的角度对表观遗传学的基本过程进行了精彩的总结，并展示了表观遗传过程在当今生活中的重要性。我认为，远古时代的许多极其重大的事件可能有一部分是，甚至主要是由表观遗传学引起的，而不是如新综论所坚称的那样由经典的达尔文进化论造成。这包括：生命的第一次成型；随后所有地球生命都统一使用同一套氨基酸和 DNA 密码；通过各种更具优势、更大型的生命形态的共生捕获（symbiotic capture）过程而实现的生命多样化和多细胞生命的进化；在寒武纪大爆发中，突飞猛进地

形成了诸多各种各样且极为不同的形体构型（body plan），以及大灭绝之后新的生命形体构型的恢复和进化。

接下来的几个案例研究几乎在相同的程度上，探讨了人类历史上的重大事件（文化事件和生物学事件并重）如何通过表观遗传途径开启了生物和文化进化演变的洪流，尤其是通过某些进化演变而发生的人类的行为进化，如皮质醇①和血清素水平、饥饿的影响及 *MAOA* 基因（又名"战士基因"）的进化演变。奈莎·凯里谈到了荷兰的饥饿严冬：1945 年时挨饿的荷兰人，是如何由于纳粹造成的严重食物匮乏，自身发生了改变，而这些荷兰受害者的子女又是如何遗传了相关基因，使他们遭受两类进食障碍的折磨，要么面黄肌瘦，要么病态肥胖。[14]

但是，如果荷兰的冬季饥荒造成的变化延续到了下一代，甚至是之后的几代人，那么人类历史上其他极具毁灭性的事件呢？曾有过许多次饥荒，如爱尔兰的马铃薯饥荒（Irish Potato Famine）和不久前比亚法拉（Biafra）的大饥荒。再转到其他能产生表观遗传变化的领域：黑死病是如何改变了人类？于幸存者而言，无论他们是感染后幸存了下来，或只是熬过了恐怖的死亡年代，他们都可能经受了表观遗传变化，要么是来自疾病加之于身的蹂躏，或是来自目睹亲友在此般不堪的苦痛中逝去。这种悲恸改变了我们，显然，还有我们的子孙。

那么纳粹呢？毫不夸张，几百万男男女女在战场内外实行着谋杀，骇人听闻的谋杀，此等恶魔般的行为是如何产生的？在近代历史中，对抗纳粹的同盟国被描绘成爱好和平的民主人士，但被迫学会了一次又一次地杀戮。轴心国和同盟国的士兵都是大萧条的产物。这可能是

---

①皮质醇是糖皮质激素的一种。——译者注

近一千年来全球最大的人力资源分配变化，所有人都因此在身体上或精神上受到了伤害。

近年来，由于在伊拉克失去了将近4500名美国士兵，美国民众对此颇为愤慨。可是，在越南战争中，我们失去的士兵超过了5.8万人（有些还是我的朋友），这个国家又显得没那么痛苦。而且若参照第一次和第二次世界大战，越南战争里死亡的美国人总数甚至都比不上二战苏德战争中单次战役的死亡人数，也比不上一战西方战线宏大的"百日攻势"中死在战壕里的人数。也许那些幸存的士兵已经受到了先兆事件的影响，但他们肯定也受到了战争本身的影响。如今，严重暴力造成的影响有着众多名称。创伤后应激障碍（post-traumatic stress disorder）就是其中之一；过去它曾被称为"炮弹休克"（shell shock）。暴力、战争和饥荒是如何联合起来，从表观遗传学的角度改变一个人的生命过程，甚至直达构成我们的最基本信息的核心——我们的DNA，直到现在，我们对此所见的相关研究，仍不过是冰山一角。

尤金·库宁（Eugene Koonin）和尤里·沃尔夫（Yuri Wolf）在他们2009年的重要论文《进化是达尔文式的或/及拉马克式的吗？》(Is Evolution Darwinian or/and Lamarckian?) [15] 中指出，拉马克式的机制之所以在二十世纪被那些现代进化综论的创建者和卫道士们规避，原因之一是没人能想明白一个生物体一生中获得的适应性表型特征是如何"逆向工程"（作者原话）回基因组的。达尔文晚年时期，科学家们开始了一系列实验，以明确检验拉马克的假设。其中最著名的是一个名叫奥古斯特·魏斯曼（August Weismann）的德国生物学家的实验，[16] 他砍掉了一群大鼠的尾巴，然后大肆宣扬下一代大鼠是有尾巴的，以此反驳了拉马克主义。尽管它完全不得其所（一只无尾鼠显然没有理由会成为应对其环境的"改进"），这个实验还是被人们传扬开来，它更进一步地嘲弄了拉马克的研究并在公众和科学家中产生了影响。

对于拉马克的声誉（及援引了他名字的理论）来说，更糟糕的是在二十世纪。科学家们抓住了拉马克众多预测中最容易出错的地方：推动进化演变的是一种向前进步并最终实现完美的驱动力。为了"证实"这种进步的驱动力是真实存在的，二十世纪初，一名叫作保罗·卡莫勒（Paul Kammerer）[17]的生物学家试图说明，两栖动物会根据它们繁殖水域的温度改变其颜色模式，并且这些变化是可遗传的。结果他在用墨水纹饰他想要的结果时被抓了个现行。更雪上加霜的是，苏联的特罗菲姆·李森科（Trofim Lysenko）[18]，挑中了拉马克主义来辩护，并得到了国家的支持。他的一项实验结果声称，给奶牛喂食巧克力和黄油会使它和它的后代产出富含脂肪的牛奶。试图对这些脱离科学的结果一笑置之的苏联科学家们，为此付出了生命的代价，促成了苏联对生物科学领域整整一代人的大清洗。

在二十一世纪，拉马克的许多结论现在都能通过可检验的科学来加以证明了。然而，几乎所有这些都是关于身体变化，至今很少涉及受遗传影响的行为。这仍是人类巨大的未解之谜。人类行为，无论好坏，若受其在未成熟期或繁殖活跃期的环境影响，能在多大程度上变得可遗传呢？战争和广泛的暴力、针对个人的暴力行为、影响全体人口的重大疾病，或是饥荒和全社会忍饥挨饿能在幸存者中引起可遗传的变化吗？

拉马克非常确信，行为是他关于进化演变的总体理论的重要组成部分。正如库宁和沃尔夫所指出的，[19]拉马克把遗传视作一个由三部分组成的因果链：一个生物体遇到一个环境，该环境引起了行为改变，而行为改变又导致了形态改变。面对重大的环境变化，生物首先通过改变习性来应对。习性改变则会产生形态学上的改变。拉马克写道："无论环境如何变化，无论动物的体形和组织什么样，都无法对其进行直接改造。但是动物环境的巨大改变会导致它们的需求也发生巨大改变，而这些需求改变必然会导致它们行动的其他改变。从现在开始，如果新的需求固定了下来，那么动物们就会养成新的习性，只要需求一直激发这些习性，它们就会持续下去。"[20]

DNA 的发现是科学史上最重大的发现之一。DNA 由一系列指令组成。这些指令中的每一条都是用来构建事物的。尽管最初人们认为基因是简单的开关，但现在我们知道，其中有着复杂的控制，不仅要控制构建的对象（例如，如何为我们的血液构建血红蛋白分子），还有时间以及数量。

在近期一篇关于这个新领域的文章中，马克·罗思斯坦（Mark Rothstein）、蔡瑜（音译）和加里·默尚（Gary Merchant）提供了一个有用的类比："遗传密码好比计算机的硬件，而表观遗传信息则是控制硬件运转的计算机软件。此外，影响表观遗传信息的因素可以类比为运行软件的参数。"[21]

如前所述，我们能够从在生物体一生中影响整个生物体的事件中得出表观遗传机制。这是一种拉马克式的变化。

而现在应该进行更严格的检验，不仅要检验后天获得并可遗传的特征表现在形态变化、器官大小变化或特定体形变化中的可能性，也要检验通过表观遗传变化而变得可遗传并受制于自然选择的各种行为本身。

改变范式

遗传学和 DNA 技术领域的重大突破，如基因剪接，重新唤起了人们对拉马克范式的兴趣，因为许多科学结果单凭达尔文理论已无法解释清楚了。其中最重要的一个发现是，有时大片 DNA 能够迅速插入另一种生物体之内，彻底改变其生命过程的方方面面。这些变化是拉马克式的，而不是达尔文式的，而且，它们是影响生命史的重要机制。其中最重要的被称为基因水平转移 [horizontal gene transfer, HGT, 有时也被称为基因侧向转移（lateral gene transfer，LGT）]。当生物入侵者将整个基因甚至是系列基因连同大块的外来 DNA 插入一个生物体的基因组时，就会发生这种情况。

但是，正是由于基因水平成功的转移，而且这一机制实在太过成功了，于是早期生命创造了一种针对它的防御方法。这种防御系统[22]在远古时代就出现在了最古老的单细胞微生物谱系中，[23]它也是拉马克式的。而且，我们将会看到，对它的阐明给了遗传学家一个意外收获，这就是能改变 DNA 的军火库中的最强武器，可以在一个生物体的一生中改变其 DNA，或者更为强悍，可以在它出生前就改变它的 DNA。[24]它也将彻底改变地球生命的本质和未来。

该防御系统被称为 CRISPR-Cas[①]。[25]为了抵御一段外来 DNA 的插入——这段 DNA 属于实际的入侵者，它们可能是病毒、朊病毒或细菌——被入侵的宿主会使用另一大片不同的外来 DNA，将之置于一个特定位点，来自这一新基因的产物专门搜捕并摧毁外来 DNA 链。这么一来，成功防御的细胞以自己选择的方式而不是入侵者希望的方

---

① 全名为 Clustered Regularly Interspaced Short Palindromic Repeats-CRISPR-associated proteins，即成簇规律间隔短回文重复序列—成簇规律间隔短回文重复序列关联蛋白。——译者注

式改变了自己的基因组。因此，对拉马克式的变化的防御就是产生另一种不同的拉马克式的变化。

但讽刺之处在于：人类已经找到了如何使用"发现并根除"的手段，允许生物学家用他们挑选的一组新基因，发现并破坏或是发现并替换目标基因。这些被选择的基因可以使人类不再受到会缩短寿命的遗传疾病影响，或是防止蘑菇和其他水果蔬菜在从田间运到商店时被碰伤而烂在超市货架上，抑或是使犬类的肌肉同身体其余部分保持协调。该技术被命名为 CRISPR-Cas9。它已在生物学领域掀起了一场革命，并被推崇为制造该领域一些最为重要和强化寿命的程式的工具。许多人用"神赐"来形容 CRISPR-Cas9，这个语言风格同早些年媒体吹嘘核裂变的发现为人类打开了新时代大门后得到的盛誉相比也不遑多让——不是来自天堂，而是来自核物理学家研究的天赐之物。释放原子！释放在人类胚胎中放置新基因的能力！能出什么问题呢？

这个系统作为工具来使用才刚刚开了个头。我们将在本书临近结尾讨论未来人类进化时会再回到这个话题。最近，一篇关于该方法的综述的结论中描述了它的重要性，在这里也用得上，因为该过程绝对是拉马克式的："很可能由于 CRISPR-Cas9 系统的简洁、高效和通用，在将其开发成一套细胞和分子生物学研究工具过程中的飞速进展已有目共睹。在现可用于精准基因组工程的设计者核酸酶系统中，CRISPR-Cas 系统是迄今为止最方便使用的。现在也很清楚，Cas9 的潜力已不仅仅是切割 DNA，而且其用途……可能只会受到我们的想象力的限制。"[26]

可也有许多人担心，这个新颖且简单的过程会因别有用心（生物武器）和不学无术（不受监管的使用导致遗传"事故"，其危险程度丝毫不亚于核电站的熔毁）而具有危险性。拉马克临终前，双目失明，穷困潦倒，备受丑陋人性的折磨，如若他的鬼魂怨恨不息，那这，确实就是他的复仇。

环境的作用

房地产的成功（还有失败！）取决于三个词：位置！位置！位置！无独有偶，在关于众多物种的自然史中，也会强调支配人类健康的同样是环境！环境！环境！古老的"先天还是后天"之争中，"后天"正开始扭转局面，占据上风。

以一对在生物学上或许还有行为上（鉴于有些人类行为是可遗传的，这一点日渐明确）过着截然不同的生活的同卵双胞胎为例。把同卵双胞胎之一安排在最豪华的顶层公寓套房中，让他在金钱的泡沫中体验有充裕的食物、饮料、锻炼、按摩、假期，工作少、压力小的生活，而把另一个双胞胎安排在贫穷缠身的那种"艰难人生"的环境中。三十年后重访这对双胞胎，如果贫困的那个双胞胎在动辄遭遇暴力的情况下幸免于难，也逃过了中风、心脏病、糖尿病或任何因不良饮食和接触污染空气、含铅饮水，高浓度生化毒素（如多氯联苯和环境雌激素）而罹患的癌症等等，我们会发现两个全然不同的人。

因为他们一模一样，这对双胞胎从出生就有相同的遗传密码。逐个基因比对的话，他们在分子水平上确实完全相同。可他们看起来却可能有天壤之别。用专业术语来表述，我们说这些物理差异是由相同基因型引起的不同表型的表现。

这是因为基因并不是表型的最终决定因素。环境条件能够且确实决定了一个基因是正常工作（或被表达），还是反而被某些东西关闭了，于是无法产生需要的特定蛋白质。相反的情况也同样会发生。有时，致命基因在 DNA 螺旋上的所有必需的基因中安然无恙。但它们因受到束缚而无法正常行使功能。然而，尽管自然选择这个老而弥坚的达尔文式的进化很久之前就驯服了这个杀手，使其在正常情况下是关闭的，但随着环境诱因的出现，它们的开关被打开了。

我们不是我们的基因。我们是环境影响于基因的产物。例子不胜枚举。当细胞停止正常工作，不再保真地自我繁殖或自我修复，而是因接触某种毒素，乃至因有益的东西过量（如过多氧气）而发生紊乱时，甚至会发生更可怕的事情。结果就是一群脱缰的全能选手，但除了擅长快速生长外，一无是处——这些叛变分子通过一场数字游戏，最终导致它们所在的器官或组织停止正常运作，并击垮了身边的兢兢业业的工人（如功能正常的肝细胞、脑细胞或甲状腺细胞）。我们称之为癌细胞，它们理所当然是所有生物细胞中最令人恐惧的细胞，它们就像杀手，神出鬼没，令人痛苦，让器官不堪重负而令身体罢工，屠戮着神经之外的一切。这时哪怕只是让被侵入的部位失去疼痛反应，都会是仁慈之举。但我们清楚得很，这事不会发生，我们中又有谁没有为朋友或爱人的癌症感同身受过呢？

双胞胎的类比——一个在富裕、有益于健康的地方，而另一个在受污染、环境有毒的地方——在许多方面就像是我们人类自己的故事，在非洲草原上一小群一小群地进化，然后在 20 万年前踏上了走向全世界的徒步征程。

生命活不长久的原因可能多种多样，其中最重要的是存在着吃人的食肉动物、团体间的战争、疾病，尤其是在绷带和抗生素问世之前的很长一段时间内的细菌感染，那时任何严重外伤都很容易发生感染而死亡。可是，这些最早的晚期智人（*Homo sapiens sapiens*，或被某些人称为"现代人"）所生活的世界，没有致癌空气，没有满是有着毒化学物质的水，没有用盐、硝酸盐和防腐剂"加工"的食物。说到防腐剂这种东西，跟全世界医学院里用来防止尸体腐烂的化学物质差不多。

我们现在的世界，更具体地说是人类文明的世界，充斥着也许比过去20万年历史的总和还要多的引发表观遗传变化的环境因素（已知的和推测的，如毒素，包括众多被认为会引发可遗传的表观遗传行为变化的各种环境压力分子组成物）。这当然有毒素的影响，还有吸烟、"非法"药物，可能还有电脑和手机的泛滥造成的影响。自从7万年前的认知革命（cognitive revolution）以来，我们正处于一个比以往任何时候都要更温暖的大气中，也许甚至比10万多年前的长达数世纪的变暖期间还要温暖，当时的变暖事件引起了短期的海平面上升，导致了南极和格陵兰的冰层融化，海平面抬升达三米。我们生产化学物质以维持70亿人的生活，有车、有房、有暖气、有电话，而凭借这些包围着我们的化学物质，我们既能杀人，也能种植和食用养活我们大多数人所需的食物。人类的未来进化不是在未来。而就是现在。它在某种程度上，也许在最大程度上，是表观遗传学的。

总结表观遗传过程

表观遗传学涉及几种类别的过程。我们可以从那些被称为"DNA修饰"的过程开始。

1. 甲基化——可以通过附着称为甲基的有机化学物质而使

DNA失去活性，甲基能抑制叫作酶的蛋白质的产生，而酶被用来构建其他生命功能必需的蛋白质（往往通过帮助化学反应发生或加速其发生）。本质上，这些甲基是以前不曾出现过的开关。它们结合在DNA上的特定位置：胞嘧啶与鸟嘌呤相邻之处。胞嘧啶和鸟嘌呤是DNA密码使用的四种化学物质中的两种。它们是DNA梯子上的"横档"。

2. 基因表达的修饰——有很多种修饰DNA以引发表观遗传变化的方式。究其本质，几乎是任何可以修饰基因表达的东西，诸如提高编码所需蛋白质的生成速度，或者减缓该速度，甚至是控制其开关。哺乳动物的这些开关中最重要的一个就是"X染色体失活"。 因为雌性哺乳动物有两条X染色体，而雄性只有一条X染色体，所以雌性可以在生殖过程中提供更多基因，这取决于哪条X染色体被用于受精胚胎。如果没有某种调控，雌性会严重加大X染色体上的基因"剂量"。但这一问题能通过甲基化来关闭那条多余X染色体上的基因从而加以控制，是一个重要的表观遗传效应。在胚胎从单个受精卵发育成一个包含大量不同种类细胞的庞大组合的过程中，表观遗传效应改变着个别细胞的命运。要分化成几乎不再能改变的所需的细胞类型，这一过程包含三或四个阶段。但细胞也会对生命中的重大环境压力做出反应，动物或植物细胞中的一些基因最终会在生物体的生命周期中改变基因表达以响应环境，而这些也能成为可遗传的变化。

3. 重编程——一个将会性成熟的雌性或雄性在最终产下后代时，它们先前所积累的表观遗传标记是如何在复制到遗传密码之前被抹除的，遗传学家论及于此，会使用"重编程"一词。长期以来，人们认为情况总是如此。是的，我们已经发现了（特别是）甲基化DNA，在一个生物体（包括人类）一生内会逐渐积累起来，但人们公认的是，当精子和卵子形成并且发生受精时，这些拉马克式附加物"黑板"会被擦干净不止一次，而是两次：表观基因组（已有甲基化位点或组蛋白修饰的基因组，乃至与小分子RNA相关的转录错误）会变回原来的DNA，没有这些不请自来的化学物质。因此，表观基因组就是在原有的遗传密码上带上了生命事件所添加的标记。在配子自身（未受精卵，或在周围等待为卵子授精的精子）的形成过程中，亲本会发生一次重编程，怀孕期间则会再重复一次。擦除，再擦除一次。但越来越多的研究表明，情况并非总是如此。重编程或擦除并不像一度认为的那么彻底。

表观遗传学和生命史

在阅读与日俱增的表观遗传学文献时，有一个令人意外的结论——在利用表观遗传学的进化含义去解决更大尺度的生命史问题上，我们所做的努力实在太少了。更让人意外的是，人们似乎很少或压根没有兴趣领会这些含义，并关注人类历史的走向。

现在我们已经充分了解，任何人类生活中的重大事件，如饥饿，重大暴力，巨大的精神创伤或宗教皈依，都能导致表观遗传变化，并且其中有些是可遗传的。可是，生物学家并没有试图对天灾人祸——战争、瘟疫和饥荒——可能对人类后代造成的在人口减少之外的影响做出任何估计，哪怕只是些保守估计。因而，在所有拉马克学说的背景下，生物多样性的巨大的高低变化也被忽视了。

人们已经认识到，表观遗传机制借由在不改变DNA序列的情况下调控基因活性，能够引起生物体中的可遗传变化。环境变化越大，表观遗传和进化演变的概率就越大，至少一些最有经验的生物学家是这样认为的，他们既精通达尔文式的进化演变，又对拉马克式的进化演变的某些意味颇有研究。可是，这一看法在诠释生命史和人类历史上的应用却少之又少。但其中，伊娃·贾布隆卡（Eva Jablonka）和她的多位共同作者[27]做出了巨大贡献。他们拥护的假说是，对两个独立的进化过程（表观遗传的进化演变和达尔文式的力量产生的进化演变）贡献相当的事物会促进表观遗传。而表观遗传过程在微生物的进化中可能尤为重要。[28]

尽管人类这种动物相信自己在控制一切，但微生物群落才决定了施加于大气和海洋的几乎所有地球生物学上的影响。微生物在约25亿年前产生了含氧大气；在过去的5亿年间，微生物在四次不同的大灭绝中几乎消灭了所有动物。而如果微生物有感觉，可能也有点狂妄自大了，因为它们的世界很可能都不是由它们自己掌控，而是由每一个细菌通常从里到外携带着的数百种病毒掌控的。

正如将在后续章节中提到的，生命本身的起源可能涉及类似表观遗传的过程。诸如甲基化等特定的表观遗传过程是在何时第一次出现，以及为何会出现，仍存在一系列问题。在三种最常见的表观遗传过程——甲基化、组蛋白修饰以及小分子RNA的RNA干扰（RNAi）的进化——中，最古老的可能是RNA生命。RNA干扰系统可能是为了应对各种寄生生物（如病毒）而进化出来的，这些寄生生物就像是最早的吸血鬼，想尽方法"蛀空"核酸。现在，RNA干扰的效应在小到酵母大到动物的真核生物中表现得尤为明显。动物的细胞较大，其内含有一个细胞核和其他胞内细胞器，是这一大生命域——真核域

（Eukaryota）——所特有的。另两域为古菌域和细菌域。

除了那些对可遗传表观遗传学的重要性笃信不疑的人之外，所有人也许都大大低估了 RNA 干扰在进化中的作用。[29] 这些微小的分子可能对染色质的构象至关重要。而正是由不同形状的染色质产生的 DNA 形状，同甲基化一起被认为是表观遗传变化的驱动力。它们也会靶定 DNA 梯子上的特定"横档"，使其发生变化，这样当那个特定 DNA 分子复制时，变化也会被复制。

从 RNA 生命到 DNA 生命，从单细胞到多细胞，从藻类到动物：生命的历史是一派波澜壮阔的盛大景观。用表观遗传学的眼光来看，这是一片亟待探索的处女地。最令人兴奋的展望之一与紧随大灭绝之后的时代有关，那时，新的动物种类迅速在地球上扎根并得以复兴。

表观遗传机制产生新生物的速度可能一贯要快于通过达尔文式的进化产生的速度。在地质史上紧随物种大灭绝的那个时代中，被称为"恢复动物群"（recovery fauna）的快速进化，是不是由于表观遗传机制的出现，我们无从知晓。但当试图了解在非鸟型恐龙完全灭绝后的前五百万年间，早期的古新世哺乳动物是如何能够如此快速地进化出如此之多的种类和形体构型时，我们就会得出这样的推论。这个情况和其他在大灭绝后快速进化的例证一起引出了一个假设：这样的例子都是受到了表观遗传机制的重大影响。

这个论点至少是新颖的：在遥远的地质年代中，有两类进化演变，用汽车来作类比，进化演变就像是"齿轮"。在"正常"时期，即那些构成大部分地质年代的长时间间隔里，我们有随机突变发出的缓慢而稳定的鼓点，所谓的分子钟的齿轮被广泛用于估计远古时代中的谱系分歧时间。通过比较在一定程度上相似的动物的 DNA，并假设突变率恒定，通常就能估算出这两个物种的分歧时间。

但从真正意义上来说，也有非常时期。这些时期的环境变得反常，相应的新物种的形成速度也同样反常。比如突然陷入全球冰期（长达数千年）的时期。或者紧接在"温室灭绝"（greenhouse extinction）之后，由火山产生的温室气体持续加热地球，最终令海洋进入无氧状态，导致全球快速变暖，从而使多数物种死亡。或是一颗小行星撞击地球，就像 6500 万年前发生的那样。

在这些事件之后，化石记录告诉我们，不仅有新物种，而且还有全新种类的形体构型也出现在了地球上。在这个新世纪，现已有了更便宜、更精确的地质年代测定法可用，这是一场革命，它为我们提供了定量证据，展示了这些后灭绝时代的生物群是如何迅速形成的。对达尔文式的进化来说太快了，但对拉马克式的进化而言是可能的。用更准确的术语来说，是通过可遗传表观遗传学。

这是革命性的。生命史应该被细分为受达尔文式的机制主导的进化时期（显生宙的大部分时期——5.4 亿年内共有的化石）和受表观遗传机制主导的大大缩短的时间间隔：寒武纪大爆发；约 3 亿年前地球历史上的一次氧气峰值带来的石炭纪大爆发；五次大灭绝之后的时期；以及在所谓的"真极漂移"（true polar wander）期间，当整个地球以超常速度移动时，北极环境变暖，而热带地区变冷。这也是古生物学重归进化论贵宾席的敲门砖。

表观遗传学和激素

我们可以通过审视在表观遗传学影响下的生命史和文明史中的共同联系来结束本章：表观遗传学过程在激素尤其是最重要的应激激素

的进化和影响中的作用。这一问题仍然是表观遗传学批评家们争论的焦点。

不幸的是，科学史也有其丑陋的一面，第一个将应激激素与其在表观遗传学中的作用联系起来的科学家是保罗·卡莫勒，他后来伪造数据的行为令他所有的研究成果前功尽弃。卡莫勒将大鼠暴露在高温下，观察其后代是否因形态和生理变异性均有增加而受到影响，这些变异性在那些父母没有暴露在高温下的大鼠（对照组）中没有出现。[30]热是压力分子形成最强效的引发剂之一。而对特定"热休克"激素的研究是全球变暖时期的一个主要研究领域，特别是在鱼类中。卡莫勒的研究证明了这种联系。强度惊人且突如其来的环境变化使得应激激素产生，此时就会经常发生快速进化。当表观基因组被改变时，在一生中经历了深刻环境变化的生物体的进化"轨迹"也随之改变。

在众多表明这点的实验中，也许没有一个比俄罗斯在银狐身上进行的长期育种实验对了解不远的将来更有重大意义了。[31]人们繁殖并挑选驯化这些狐狸。狐狸并不傻，目睹自己的同胞突然消失，代代如此，一定会承受很大的压力。而"快乐分子"血清素激素水平的变化，则会影响与攻击性相关的基因。最令人惊讶的是，当激素被一个特定基因影响时，就会激发其他的生物学效应，其中最明显的就是影响毛色的基因。结果在某些狐狸身上，出现了带有白色斑点的新皮毛。

于人类而言，另外一项研究昭示着比颜色变化更幽暗神秘的事情。还有一种压力是接触毒素。在一项研究中，暴露于已知致癌毒素的大鼠产生了大量的被甲基化的基因和DNA序列，而且这些表观遗传变化传递了好几代。[32]

科学上的现状

关于表观遗传学或至少是对表观遗传最重要的部分的最大争议，是行为本身是否能被遗传，特别是当该行为是一生创伤的产物时。例如，在人类中，创伤后应激障碍被表观遗传下去的可能性有多大？尽管几十年来受到全球各方军队的反驳，这种后天的精神状态却真的引发了身体的实际变化。

有着许多折磨老鼠的激发"恐惧"的研究。其中最让人大开眼界的一项研究是，研究人员训练小鼠对不应引起恐惧的物质（如有某种气味的毒素）产生恐惧。人们将一种既不是正刺激也不是负刺激的气味同痛苦带来的恐惧相关联。在该实验中，将樱花香味同电击这些可怜小鼠的脚关联了起来。人们震惊地发现，这种恐惧会遗传给下一代小鼠。正是有了这种研究，才使得进化论者们开始重新考量是否需要将现有的进化论进行扩充，以顺应新拉马克主义的发现。

第五章　最美好的时代，最糟糕的时代——远古时代

　　有一种观念认为，通常所谓的"生命史"在时间、事件和地点上都标识得颇为周全。但只有"原因"几乎一无所知。而且，从科学讲述的事情愈发耐人寻味来看，这段历史的"情节"，即实际的进化机制，可能有诸多重要细节还鲜为人知。

　　自从动物在化石记录中以各种丰度出现（在寒武纪时期），它们就被妥善地划分到"高级"分类单元：门、纲、目和大多数科。但是关于众多尚未可知的过渡性物种，仍存在着引人入胜的发现还有待探索。生活在3亿多年前、被命名为提塔利克鱼（*Tiktaalik*）的"四足鱼"（fishopod）就是这样一个有趣的发现，提塔利克鱼发现于十多年前，是鱼类和两栖动物之间真正的"缺失环节"。[1]在巴基斯坦5000多万年前的地层中发现的化石填补了类似的空白。这些化石似乎是陆生动物和真鲸类（true whales）之间真正的"缺失环节"。然而，在许多此类从一种体形到另一种完全不同的体形的转变中，我们既没有化石记录中的过渡形态，也从未能真正把握这些进化演变发生的原因。

　　在影响各种生命类群的最根本的环境变化中，就包括了生物体从完全水生向主要或完全陆生飞跃时所面临的诸多挑战。植物和动物都是如此。早在第一批动物登陆之前，植物就已经在陆地上定居了（约

5亿年前或更久之前，植物就出现在了陆地上），最后，约在4亿到3.6亿年前，第一批树木和森林出现了，陆地提供了新的栖息地和新的资源。陆地上有植物为食草动物和丰富的无脊椎动物（包括成群的昆虫）提供食物，继而这些动物又吸引了食肉动物。目前的推测是，第一批陆生脊椎动物，即两栖动物，是通过已知的自然选择过程（即达尔文式的进化）而产生的。

但有一项新研究探讨了主要由表观遗传进化而非达尔文式的进化引起的快速形态变化，鉴于此，我们应该重新审视上述推测。

环境和生命史

表观基因组的作用及其在环境剧变时期迅速影响基因结果的能力，必须要被当作生命在过去35亿年里对我们不断发展的星球的巨大环境变化的一种应对方式来看待。

即使在最美好的时代，行星也是危险的地方，在糟一点的时代就更是如此了。当一颗大型（比方说直径5英里）小行星以每秒15英里的速度撞击行星时，远远近近的生命都会影响到，并且大多会死亡。

在汤姆·沃尔夫（Tom Wolfe）的《真材实料》[1]（*The Right Stuff*）一书中，有一段描写美国军方飞行员参与测试二十世纪五十年代建造的巨型喷气式战斗机的内容，写得极其精彩。这些飞行员的死亡率高得令人难以置信。沃尔夫描述了一种理论情况，但这种情况一定发生过一遍又一遍：飞机由于某种机械故障，直坠下落。如沃尔夫所描写的，飞行员面临着即将到来的死亡，还能镇定地"尝试A，尝试B，

---

①曾被改编成电影《征空先锋》，记叙了一群高速飞行器试飞员的故事。——译者注

尝试 C，尝试……"然后"嘭"地爆炸。关键是当飞行员面临"环境危机"（例如飞机以每小时数百英里的速度坠向地球）时，选择当然是越多越好。但这段话的另一关键之处是"镇定"。生命诞生之初，环境一片混乱。当灭绝带来的死亡迫在眉睫时，这种拟人化的镇定处事就是从环境危机中脱颖而出的表观遗传机制，这么看来，如果生命不曾编码出一种快速尝试 A、B、C、D 等的方法，那才奇怪呢。

现在将其置于约 6500 万年前的地球生命背景下，当时正是小行星撞击地球后不久，撞击之处就是现在的墨西哥尤卡坦（Yucatán）地区。让我们稍微把这个比喻混合一下。这不是关于恐龙和其他生物在撞击后几分钟至几天内面对的"选择"，而是关于各种生命在此后几周、几个月乃至几年里的选择。世界彻底改变了。全球被黑暗笼罩。温度骤降，腐尸遍野，疾病肆虐，污水横流，光合作用不再。表观基因组就此开始发挥作用，要从同一组基因组中产生出许许多多不同种类的生物。这不是"试试 A！试试 B！试试 C！"，这是"全都试试！看看哪一个有效！"。这可以是不同的形状、生理、大小、行为等等。关键是要采用尽可能多的表型，之后再考虑基因。

生命能够并且确实通过一些机制来应对巨大的环境变化，这些机制可以极大地增加表型的可能性，而不需要增加相应的基因型：这是来自表观遗传学研究的重要的新见解，也是为什么进化论——特别是对过去的时代和过去的灾难的解释——需要进行理论更新的缘故。在环境危机所要求的短时间内，很难充分改变基因型。但是表观基因组可以在环境剧变中产生各种各样的新形状、大小、形态和行为。在这样的时代，产生新的表型是最首要的；而自然选择可以之后再解决基因型等问题。

为全球环境危机后不久复杂生命的进化记录做出解释至关重要。在这种时候，极好的可塑性（在形态或其他性状上，也许最重要的是在引发各种行为的因素上）不仅使生物体能够应付非常恶劣的新环境条件，也能使它们产生令它们更具适应性的性状。当世界陷入黑暗长达六个月，当全球温度从草木繁盛的温暖降至高纬度的黑暗寒冷，这时产生尽可能多的不同种类性状的机制将十分有用。通过可遗传表观遗传学，各色生物新品种会大量涌现。但其与传统的进化论和达尔文式的进化机制的不同之处在于，性状是最先出现的；数代以后，巩固它的基因才姗姗来迟。

生命史——显然还有人类史——似乎遵循着一条关于战时军队生活的陈年老调："令人厌倦而漫长的时间，时而穿插着短暂的恐惧。"地球远古时代的生命史亦是如此。会有很长一段时间没什么事件发生。然后和平（缓慢进化的时期）被打破。环境变化和大规模死亡的时代到来，首先导致了高灭绝率，紧接着是快速发生的新物种形成。因此，我想在这里提出一种也许与众不同的直觉想法：远古时代的进化历史也许应该分为平静、缓慢的变化时期——由达尔文式机制的随机突变逐渐积累而产生；以及与其相对的，大范围环境混乱的较短时期——在此期间，纷繁芜杂的表型种类涌现，占尽上风。

达尔文时代 VS. 表观遗传时代

古生物学家很有把握地断言，大规模死亡为新物种打开了大门，而且往往是具有完全不同的形体构型的新种类生物。在古新世，有一大批同大鼠差不多大小和体形的小型哺乳动物盛极一时，它们喜欢集聚在腐烂尸体堆里，看起来一点也不像恐龙。但是，尽管古生物学家们对为什么灭绝后会出现一波哺乳动物和鸟类的"恢复动物群"的原因有相当把握，但他们仍对如何出现困惑不已——至少在进化方面是如此。而显见的答案就是表观基因组。在这个时期，表观遗传机制令世界充斥着五花八门的组合，包括像小老鼠的体形、牙齿，以及取食、防御、繁殖、领地获取、社会结构等等涵盖面极广的多变的新行为。在希克苏鲁伯撞击（Chicxulub Impact）① 之后的几个世纪里，所有这些新的属性和行为成为了一个甚至更大的表型特征组合的一部分。

今天的环境显然发生了变化，而变化的方式和速度取决于环境的不同。洋流变动，山脉升降，还有气候也随之变化。大洋盆地的大小会根据来自地球内部并作用于海底和扩张脊的热流而扩张或缩减。同样，这些都是非常缓慢的变化。

可是，在某些时间间隔内，不仅变化缓慢，而且还叠加了可能会影响生命的非常迅速的全球变化。最近结束的冰期（或者至少在地球上工业文明还在的情况下算是结束了）与一系列急剧变化的环境形影相随，这些变化就发生在数十年间。而同约 1.4 万到 1.2 万年前过快的融冰速度相伴的则是快速的气候变化以及全球平均气温的升高和海平面的急速上升，在大概两千年中上升了一百多米，这些时期有着非同寻常的环境变化。不过，即使在大约 250 万年前开始的一系列冰川推进和退却时期中的最后一个（距今 2.4 万至 1.8 万年）之前的几千年，世界还是一片冰封，较之这段时间的前后，变化还是受到了抑制。那是一段稳定的时期，尽管是一个极为寒冷的稳定期。

---

①即前文提到的发生在墨西哥尤卡坦地区的小行星撞击。——译者注

回到更新世快要开始之前的时间——即现在常说的大冰期^①（the Ice Age）——有一段要长得多的稳定期。数千万年间，陆地环境高度稳定，全球气温变化极小，只是以十万到百万年为单位在缓缓下降，全球大气中的氧气含量几乎没有变化，只有大陆的位置有一些缓慢变化，甚至连海平面也稳定不变。这一时期环境上的连续性超乎寻常。全球二氧化碳浓度超过 400 ppm（parts per million，百万分比浓度）。当时的北极没有海冰，冰盖体量比现在要小得多，海平面则远高于现在，因为全球气温要高得多。例如，北极圈内的夏季平均温度比现在高 10 到 15 华氏度。而具有讽刺意味的是，2017 年，全球变暖的驱动力——大气二氧化碳含量——350 万年来第一次再度超过了 400 ppm。比起环境的任何其他方面，仅此一桩就将推动更多的进化演变，包括可遗传表观遗传学的影响。它也极有可能成为未来人类历史绝无仅有的最大推动力。但那还得看情况。

古生物学以及进化生物学的一个目标，应该是与那些从物理科学的视角研究地球昔日环境的人更好地交流。从事古生物学和进化生物学的通常是不同的科学家，他们接受训练的方法不同，工作所在的专业也不同，通常还被限制在大学校园的不同建筑里。在许多情况下，两者甚至使用的都不是同一种科学语言：前者使用形态学和地球化学的语言，后者需要的是用来描述基因和 DNA 的语言。古生物学家主要利用化石记录，而进化生物学家则使用分子水平上的遗传分析作为必用工具。有许多悬而未决的问题亟待回答，而这两者缺一不可。

如今，许多进化论者都接受了一套本质上是新拉马克主义的理论，

---

①此处作者应该是指大冰期（又称第四纪大冰期、更新世大冰期或当前大冰期）开始的时间点。——译者注

现在的问题应该是关于这两个不同过程的相对重要性，达尔文式的解释是，引起进化的五大力量是突变、遗传漂变、基因流动、遗传重组和自然选择。而随着新拉马克主义的加入，现在的问题则应该是关于"达尔文式五大力量"相对于生命史中可遗传表观遗传学的相对重要性了。

最有趣的推论——当时也是科学问题——就是，会根据时间和环境随地质时间发生的变化而改变频率的，是达尔文式的进化模式还是拉马克式的。显而易见，由于通过表观遗传过程发生的主要形态学变化比通过达尔文式的过程发生得更快，所以逻辑结论是，随机突变和繁殖期间的染色体复制错误会造成遗传变化，而基因流动和自然选择对正在经历这种变化的谱系的表型起着作用，这两者带来的漫长且缓慢的变化在环境上的"美好时代"中占据着主导；但在面对地球"糟糕时代"（至少就生命而言）中更快速或更极端的环境变化时，这种变化就显得力不从心了。被河流蚀刻的景观无法作出任何应对，最后变成了峡谷；被下方迅速增加的地温梯度加热的岩石没有任何机制来避免变质作用，最后变成一种全新的矿物。但生命是可以去适应的。

已有人提出，在一个面临同样环境挑战的种群中，受表观遗传机制影响的进化演变能比达尔文式的进化演变快一个数量级以上。还有人指明这可以是三个数量级，即快达一千倍。[2]

物种在形态、生理或个体发育（成年前的生长）等方面，正在更快地向更适合在新世界生存的生物体转变。这个新世界是一个新的环境世界，比如其中的氧气正在下降，或更普遍（而相关）的是，在这个世界里，诸如二氧化碳等大气温室气体的增加使气温极度上升，因此不久后，由于海洋吸收越来越多的二氧化碳增加了其整体酸性，而海洋酸性增加，使得制造碳酸钙壳的生物更加陷入困境。比如在我们这个世界里，由于大气二氧化碳迅速增加，海洋二氧化碳浓度也随之上升，于是，牡蛎幼仔在形体还极其细微时就濒临消亡。

大多数物种大灭绝事件是由物理变化而不是生物变化引起的。这可能涉及很多种物理变化。可能发动大灭绝的"灾难"包括：氧气和二氧化碳水平的快速和大规模变化（有时是生命本身造成的）；由于大陆和海洋面积和位置的变化而引起的洋流和气流的变化；大陆运动速度的加快或减缓；突发的火山活动；突如其来的小行星或彗星撞击，或是彗星雨；强烈的太阳活动时期（特别是在地球臭氧层形成之前），以及地球磁场快速逆转的时期。

此处的论点是，自然选择（作用于基因组）和表观遗传选择（作用于表观基因组，或是由那时选择的表观遗传过程产生的众多表型的形成）[3]之间相对的相互影响，在某种程度上是现存物种一生中所经历环境变化太快并且太严重的结果。

美好时代和糟糕时代，实际上都归结于变化的速度。[4]美好时代是稳定的时代。糟糕时代则相反。变化出现的形式有：全球和局部地区的气温；大气中的氧气和二氧化碳浓度，它们通过氧气和二氧化碳溶于水而发挥不同作用并相互影响，还有影响两者浓度的二氧化碳温室效应；海洋在酸性，海平面及与小而浅的内陆海的连通性等方面的化学性质；以及会影响天气模式的大陆和微大陆（microcontinents）的移动速度。或者还有气候灾害，例如在从未有过季风的地方第一次并且相对突然地出现这种天气模式，在一个季节性干燥的地区头一回持续下了六个月的雨；或是相反，在一贯有季节性大雨的地区爆发了不该有的干旱。这些就是那类可能会引发快速进化演变的变化。

根据上个世纪的观察，天气变化显然未必是缓慢的变化。例如，被称为厄尔尼诺的天气模式是否出现，季风是否到来。

其他一些快速的环境变化也是如此，幸运的是，这些变化虽未发生在人类历史上，却留下了丰富的地质和生物学证据表明了它们的突然出现。例如，在 6500 万年前小行星撞击地球之后，一年时间里地球都是一片黑暗。甚至与泥盆纪、三叠纪和二叠纪末的大灭绝相关的巨大的洪流玄武岩的出现，也会迅速导致天气的重大变化，其中最重要的是局部地区气温和水的可利用性的重大变化。尽管不如小行星撞击产生的影响出现得那么快，但约 2.51 亿年前被称为西伯利亚暗色岩（Siberian Traps）的第一次喷发造成了十年内的全球变化，足以开启 5 亿年间所有物种大灭绝中规模最大的一场。尽管早些时候，肯定有毁灭性远大于这场的大灭绝发生，[5] 比如突然来袭的全球冰冻，造成了发生在 20 多亿年前被称为"雪球地球"（snowball Earth）的事件，但更具生物学重要性的，还是发生在 7.17 亿至 6.35 亿年前的雪球地球事件。

现在呢？化学物质正以我们所目睹的速度注入我们的海洋和大气，再加上地球历史上最快速的大气二氧化碳增加，这些正在改变人类进化的轨迹。每次化学物质的泄漏，每立方米南极和格陵兰岛的冰融，每个因栖息地被破坏而死亡的物种，地球生命未来的进化正在被重新改写。

我们可以问，这些变化中最大的一个——如大气气体、全球温度和全球毒素（至少对某些种类的生命而言有毒，如剧毒气体硫化氢）——是否与生命史的反复变化有关，这可以通过全球范围内物种数量（多样性）的变化和 / 或不同构型数量（分异度）的变化来衡量。另外两种环境波动改变了生命史。一种是整个地壳的运动速度远远超过由大陆漂移引起的已知速度。这个过程被称为"真极漂移",但现在有了更准确的说法"地幔漂移"(mantle wander)。第二种与地磁逆转的急速发生有关,最近有人提出,地球磁场逆转对全球氧气浓度有重大影响,从而影响多样性。[6]

对生命最惨痛的环境灾难

第一次雪球地球事件(始于约23.5亿年前)似乎是由生命引起的:蓝藻细菌的爆炸性增长导致了大气甲烷和二氧化碳的温室效应降低。第二次也是最后一系列雪球地球事件始于7.17亿年前,结束于6.35亿年前。

这两次不同的雪球地球事件(每一次都是由海洋冻结和随后的海洋解冻事件组成)都导致了海洋有机物生产的严重下降,因为海冰淤塞挡住了阳光。因此,地球上的生命数量,如以其总质量(即生物量)来衡量,并与事件发生前后相比,生物量缩小到了极小的数值。无论是在23.5亿到22.2亿年前的雪球地球期间,还是在7.17亿到6.35亿年前的[1],雪球冰期的演替及其超级温室的终结必然对生命的进化施加了严苛的环境过滤条件。[7]化石记录提供的线索很少,但是被称为疑源类(acritarchs)的微小单细胞生物(具有骨骼的小型浮游生物,因此能形成化石)在多样性和丰度上起码能说明一定问题。

众所周知,许多生物体通过表观遗传过程"重组"它们的基因组来应对环境压力,而表观遗传过程是局部环境对生物体施加影响的直接结果。毫不夸张地说,任何雪球地球事件都会造成压力。雪球大冰

---

①第一次雪球地球未有定论,作者对于其发生时间在全书中的描述不尽统一,遵循原文翻译。——译者注

期的直接后果中，出现了各种化石，含有比大冰期开始前更复杂的生物体，这一事实证明，雪球事件制造了某些生态学诱因，导致了生命复杂性和多样性的巨大变化。

大冰期本身与一些意义最深远的生物学事件惊人地巧合，如多样性的变化、"分异度"（即新的形体构型的数量）的变化，以及在环境危机期间原有形体构型的消失。

全球大冰期以负反馈的方式令地球变冷：陆地和海洋上的冰越多，就会有越多的阳光被反射回太空，而不是被陆地和海水吸收。热带地区面积缩减，天气变得错乱，冰缘常有巨大的风暴出现，空气中尘土飞扬。

影响生命的主要大冰期有五个：第一次雪球地球（约23.5亿年前）、第二次雪球地球（7.17亿至6.35亿年前）、奥陶纪大冰期（4.6亿至4.4亿年前）、石炭纪—二叠纪大冰期（3亿至2.7亿年前）和我们当前的更新世大冰期。每一个（在时间上）都与一些最重要的生物革新和生物灾难有关：第一次雪球地球事件与大氧化事件（Great Oxidation Event）的开始同时发生，大氧化事件是第一次向大气和海洋排放氧气。这是光合过程在生命中发端的结果。第二次雪球地球事件也可能有其生物学起因，在此情况下即是多细胞植物生命的多样化；它似乎是动物生命首次出现的诱因。发生于奥陶纪的第三次大冰期，则与五次大灭绝之一相吻合。而它也为海洋群落的首次出现以及珊瑚礁的发生铺平了道路，这些群落在食物网的构成上呈现出"现代"特征——例如在滤食动物、食草动物和食肉动物的比例上。它重组了海洋群落，为植物征服陆地奠定了基础。而石炭纪到二叠纪的大冰期也从根本上改变了生命，尤其是陆地上的生命。在此之前，陆生生物主要由两栖动物和原始爬行动物组成。到最后，随着森林几乎遍及了所有的陆地环境，先进的"似哺乳爬行动物"（我们哺乳动物的前身）群落也遍布每个大陆，海洋中的群落也发生了重组。而最近一次大冰期中的冰期，就是相对地球年龄而言刚刚结束的一次，也改变了地球。更新世大冰期始于250万年前，早在此之前，大多数大陆上都有着类似今日非洲动物的哺乳动物群。但北半球开始结冰改变了这一切。它引起了真正巨型的哺乳动物的进化，这些动物能够经受住严寒并生存下来。它也促进了一群小型灵长动物迅速转变成人类，使我们成为最新进化的物种之一。[8]

过去即为序幕吗？地球历史上那些最严峻的生态灾难受到三种不同原因的影响。其中两个永远不会再发生了。

第一个是当氧气首次出现在海洋和空气中，以及之后的氧气水平急剧上升或陡然下降时。第二个则是地球上极度寒冷的时期，冷到大陆的大片区域都被厚达一英里的冰层覆盖。可随着我们的太阳越来越活跃，温度越来越高，这样的大冰期是否还会再次出现，还很难说。

但第三种灾难肯定会再次发生。随着我们的星球变暖，海洋中的氧气将会慢慢减少，就像过去5亿年间多次发生的那样。当高纬度地区相对于热带地区变暖时，全球海洋就会不再流动。在过去，这导致了大规模灭绝。它能够而且将会在未来发生。

从拉马克认为导致了进化演变的一系列事件的角度重新审视漫长的生命史，尤其是其中的危机，这是有所裨益的。这一系列事件首先是单个生物体经历的环境变化，其次是该生物体行为的变化，第三是该生物体表型的变化，其表现不仅包括在环境变化前其基因的利用方式，还有在变化后的表达方式。环境变化越大，每一个步骤就会产生越重大的后果。例如，那些在终结了白垩纪的小行星大撞击中幸存下来的生物会遭遇持续数月的暗无天日。对那些仅在白天进食的动物而言，要么开始在黑暗中进食，要么就死去。而在黑暗中进食就是一种新的行为。

我们不得不仔细考虑，这个"三步走"的顺序可能也适用于人类，特别是如果我们认为其行为具有遗传成分的话。第一个是我们中的许多人相信，我们已然经历着由多种影响引起的显著的环境变化，但也许最重要的是暴增的人口对环境产生的所有影响。比如空气、水和食物中毒素含量的升高和种类的增多，全球变暖，海外战争中士兵遭受的暴力，美国街头的毒品战争。更多的疾病；食物种类的改变；酒精、毒品和咖啡因摄入量的变化；新技术引起的注意力幅度（attention span）的变化；交通方式的飞速发展，使我们可以在不到一天的时间迅速置身于世界各地截然不同的环境中——现代社会制造环境变化的方式是如此之多！

第二个影响是在行为方面，许多人认为，我们看到的是大规模的、可遗传的特定行为类型比例的变化。

第三个是表型的改变，可能仅仅表现为行为的改变。这仍然是未来研究的前沿，但我们首先需要着眼于表观遗传学在生命史上可能扮演的角色和重要性。

第六章　表观遗传学和生命的起源及多样化

　　自从第一次在细胞层面合成出生命，到出现越来越多的生命种类以来，地球生命的轨迹就存在着一个基本的二元性。同生命之初相比，从最早的生命开始，物种的数量增加了，其中许多物种的复杂性也增加了。在多细胞生命中，细胞种类的数量也出现了同样的增长。然而，在更为基础的层面上，地球生命的基本面肯定已经变得更简单、更单一化。

　　不论分类群如何，DNA 几乎是统一的，可能是因为这是唯一有效的遗传机制。然而更有可能的是，最初也许有多种化学物质组合拥有美国国家航空航天局（NASA）定义生命的三个能力：从外部环境收集能量的能力，进行繁殖的能力，以及为了在环境变化中生存下来和开拓不同于生命初现之地的环境而进化的能力。[1] 然而，随着时间的推移，曾令人惊叹的早期多样性只有少数被留了下来。这种统一是通过单细胞生命共有的生物学机制实现的，该机制导致整个 DNA 片段要么被其他单细胞插入，要么（也许更频繁地）被病毒插入。在几分钟或更短时间内，数百甚至数千个以前不存在的基因被整合到被侵入的细胞中。这个新的生物体不仅是一个新物种，也可能是一个全新的物种科的发端。这不是达尔文式的进化。它是在一种生命形式中发生的彻底的、大规模的变化，是拉马克式的。

如前所述，微生物通过插入 DNA 长链而入侵和劫持的频率称为基因水平转移（HGT）。其中含义在于，正如由 W. 福特·杜利特（W. Ford Doolittle）最早指出的那样，由于基因水平转移的无处不在，我们所谓的"生命之树"本身只是一个嵌合体。[2] 这种现象曾经（而且还是）如此普遍，以至于细菌之类已生成了一种生物学手段来追踪和抑制新插入的 DNA，比如前文描述过的 CRISPR-Cas9 方式。[3] 用电影的语言来说，这种方法就像是识别和防御一个"基因组入侵者"①。微小的杆状细菌（或球状，或螺旋状，因为所有细菌都是这三种性状之一）变成了其他东西。形态上，它们看起来仍然像入侵前的自己，但在内部（尤其是在基因上），这些微生物有了新的遗传指令，指令来自众多插入它们的新基因。它们现在被劫持进入了一个基因新未来。本世纪有一些非常聪明的人，意识到了基因水平转移在过去和现在的普遍性，并且还发现细菌进化出了自己的防御方式——一种"猎人杀手"的手段，可以在新插入的基因劫持整个细菌及其功能和基因未来之前找到并破坏它们。

定义生命，生命的起源

关于某物是否是"活的"，有很多棘手的案例，[4] 这不仅是关于"生命是什么？"的问题，还同定义生命真正的组成有关。这些令人费解的例子涉及单细胞寄生生物 [如贾第鞭毛虫（*Giardia*）[5]] 和我们称之为病毒的蛋白质及核酸的复杂而系统的组合。当病毒在活细胞之外的

---

①此处作者借用了有多个版本的科幻电影《天外魔花 / 人体入侵者》（*Invasion of the Body Snatchers*）之名。——译者注

时候它是活的吗？在其多细胞宿主消化系统外的肠内寄生虫贾第鞭毛虫算是活的吗？被抛到接近外太空高度的高空大气层中的单细胞细菌，在寒冷近真空的大气中还是活的吗？这些都是很难回答的问题。生命与非生命；活着与死去。我们通常认为这两个属性是对立的。但越来越多的事实表明，它们只是被我们称为"较简单"生命形式的一个化学及能量连续体的两个极端，比如单细胞微生物，乃至像被称为缓步动物（俗称"水熊虫"）的微小动物这样复杂的生物，它最近被归类为最难杀死的地球生命。[6]缓步动物可以被冻死，然后解冻就能活转过来。从生命到非生命以及两者之间的一切，对我们来说未知万一，甚至无法用语言来形容何谓"两者之间"。活着或死去并不是简单地由化学和组成的差异来区分的，从生到死的连续体也涉及第四个维度——时间。死去的有时也会复活，就像吸血鬼一样——部分时间活着，而其余时间里差不多就是死的。

　　NASA 对生命的定义相当简单：（1）生命会代谢。（2）生命会复制。（3）生命会进化。但更吸引人的问题是关于生命本身。不复制就不可以有生命吗？ NASA 的科学家或那些以各种方式接受 NASA 资助的科学家们都认为不可能。但这也许并不正确。对于早期生命，表观遗传机制也许会将生命赋予一个早期细胞个体——这是一个短暂的生命，也不会留下后代，因为没有能够复制的有机机制。伟大的卡尔·萨根（Carl Sagan）具体说明了生命不仅会进化，而且是通过达尔文式的进化来实现的，借此令 NASA 关于生命的最新定义的基本性质更加准确。后来，保罗·戴维斯（Paul Davies）在他的《第五项奇迹》（*The Fifth Miracle*）一书中也有所呼应。[7]戴维斯利用了另一个不同的问题来借位思考"生命是什么？"，即"生命做什么？"。根据他的论点，是行为过程定义了生命。这些主要行为过程如下：

生命会代谢。所有的生物体都在处理化学物质，并借此将能量带入体内。但是这些能量派什么用呢？生物体对能量的处理和释放就是我们所说的"新陈代谢"，这是生命获取足够能量的方式，然后用它来维持内部秩序。

对此的另一种思考方式则是从化学反应的角度出发。当能量不再能保障内部"秩序"而使化学物质停止运作时，有机体就会死亡。生命不仅维持着这种非自然的状态，而且还在搜寻能找到并获取保持这种状态所需能量的环境。地球上有一些环境比其他环境更顺应于生命的化学物质（比如温暖、阳光充足的珊瑚礁海面或是黄石公园里的温泉），在这些地方，我们发现了丰富的生命。

生命具有复杂性和组织性。只由少数几个（甚至几百万个）原子组成的真正简单的生命是不存在的。所有生命都是由大量原子以错综复杂的方式排列而成。正是这种复杂性的组织性构成了生命的特征。复杂性不是机器。它是一种性质。

生命会繁殖。戴维斯指出，生命不仅必须复制出自身，而且必须复制出允许进一步复制的机制；正如他所说的，生命也必须包括一个复制装置的拷贝。

生命会发育。一旦复制完成，生命就会继续改变，这可以称为"发育"。该过程全然不似机器。机器不会随着这种生长而生长，也不会随之改变形状或功能，尽管新的工程突破可能会改变这种情况，因为谷歌和其他公司据称正在利用人造的人工智能（artificial intelligence，AI）来帮助制造第二代 AI——一种由机器制造的机器。

生命会进化。根据从达尔文到戴维斯等学者们的观点，这是生命最基本的属性之一；而根据他们的观点，这也是生命存在不可或缺的一个属性。戴维斯将这一特性描述为恒久与变化的悖论。基因必须复制，如果不能遵循严格的规律进行复制，生物体就会死亡。可另一方面，如果复制是完美的，就不会有可变性，自然选择的进化就不可能发生。进化是适应的关键，没有适应就没有生命。但倘若如此，为什么非得是达尔文式的而不是拉马克式的呢？

生命是一个能进行达尔文式进化的化学系统。根据这个定义，生命是一个必然经历过达尔文式进化的化学系统，这就意味着，如果环境中的个体数量超出了可用的能量，有一些生物就会死亡。那些幸存者之所以能幸存下来，是因为它们携带着有利的可遗传性状，然后将之传给子孙，从而赋予后代更强的生存能力。

早期生命的种类以及进化的过程

早期生命与现今生命的不同之处可能在于其基本形式的高度多样性，如拥有不同的遗传密码，或使用不同的氨基酸组别，或以现已不再使用甚至不可能的方式提取能量。而现在，只有一种基本的DNA 生命，由许多物种组成——地球生命，有时亦称为"我们所知的生命"。[8]

目前所有的地球生命都使用相同的 20 种氨基酸。35 亿年前，地球生命想必已经统一为单一的遗传密码，而在那之前，可能有着一个新陈代谢和遗传密码的名副其实的动物园。当然也有诸多昙花一现的生命形式。虽是活的，可没有复制机制，更别说进化了。

如果这是真的，我们就要问，地球生命是如何统一为单一的遗传密码的。其次，真的非达尔文式的进化不可吗？似乎更有可能的是，拉马克式的进化率先塑造了生命，而达尔文式的进化是其最终结果，而且第一个生命可能需要拉马克式的机制才能存活。

地球生命的 LUCA[①] 出现之前

由于诸多或好或坏的原因，2016 年将作为科学上令人震惊的一年载入人类史册。尽管大多数科研是通过全球合作进行的，但"生命起源"的研究及与表观遗传学有关的新兴实验和论文似乎各在完全独立的科学路线上蓬勃发展着。

其中一项研究的发现是个分水岭：研究者告诉大家，他们已经发现了所有地球生命的那个神话般的最近共同祖先。查尔斯·达尔文曾写道，若回到过去，从"生命之树"上滑下，将会把你带到名叫 LUCA 的生物身边，它是生命之树基部的第一个生物，是我们的最近普适共同祖先，我们假想它是一个类似细菌的具有 DNA 的生物，这个最初的生命一定会有足够深的根系，而这个类比的绝妙之处在于：沿根系继续追根溯源就会显示出越来越多的分支，越来越多的分化。这是对 LUCA 之前的生命的完美演绎。这些最新研究表明，LUCA 是地球生命一个相当原始的早期呈现，它可能需要来自早期地球深海热液喷口的金属才能"活着"；[9] 也有人称之为"半死不活"。[10] 没什么比这更惊天动地的了。在没有氧气的环境中，一般动物很快就会死亡。

这里曾经得有一个完完整整的动物园（不过是一个饲养单细胞微生物的动物园），里面有各种不同的生物。不过，如果从一棵参天大树最深最细的树根上来看，随着我们朝光明和地表不断往上，树根就会

---

① LUCA 即 Last Universal Common Ancestor（最近普适共同祖先）的首字母缩写，为便于行文，下文皆以此词表示。——译者注

缔合到一起。有些过程使许多不同种类的生命融合在一起：有些具有出色的新陈代谢能力；有的在繁殖上胜人一筹；有些可以吸收更多种类的"食物"，以便获得生命所需的能量，以及在细胞部分衰竭时建立和维持细胞运转所需的分子。大量这样的性状通过被称为"基因水平转移"的表观遗传过程而变得可遗传，而正是许多这样的性状集聚在一起，与自然选择相结合，产生了最适合早期地球的众多环境的多种微生物。因此，到了 LUCA 时代——这个时代属于我们这类生命，全都具有同样的 DNA 语言，使用相同的 20 个氨基酸，并结合了许多性状——已经有了很长一段生命史了。

LUCA 的发现为一个未解之谜提供了新的有力证据和支持：地球生命——至少是我们这类生命——最初起源于何处，接着又在哪里生存？

在地球生命最初形成所在的许多假想环境中，出现了两种不同的情景。两者都不是达尔文提出的"某个温暖小池塘"。[11] 小池塘的问题是它们会受到太阳能的强烈辐射，因为约在 40 亿到 36 亿年前（取决于来源）地球上似乎已经出现生命的时候，还没有具保护作用的大气臭氧层。两个最被看好的假设是：（1）生命最初来自深海的热液火山系统；（2）它出现在一个其中的化学物质可能由于蒸发而被高度浓缩的环境中。长长的潮汐河口被认为是一种可能性，或是潟湖。同现在的不同之处在于，当时的地球除了无氧大气层外，还有巨大的潮汐，其振幅比目前的全球冠军加拿大的芬迪湾（Bay of Fundy）还要大。

目前，一个主要研究领域正在试图了解让 LUCA 这样的细胞"活着"的最小基因数目。一组研究[12]表明这个数字是 355！我们确实预计第一个细胞生命的基因数目不会太多，但这个数字看起来确实很少。

这355个基因勾勒出了LUCA生活环境的画面，或者更准确地说，是让这种生物得以生存的环境。这种类细菌生物的"食物"是氢，而它的其他基因似乎表明，第一个地球生命必须在一个极度高温的地方生存。看起来，LUCA更可能生活在初生地球原始海洋深处的高温热液喷口，处于滚烫的水中，如果在今天的地面气压下，这些水也许已经沸腾。

基因水平转移——地球历史上最重要的一种可遗传表观遗传

自生命存在于地球上以来，至少有2/3，或许是3/4的时间里，生命主要（有时是完全）是由原核（没有细胞核或细胞器）的单细胞微生物组成的。

在基因水平转移中，一种古菌或细菌的大部分DNA可能来自另一种微生物的添加物而被替换，而近十年间令人兴奋的发现之一是，基因水平转移并不限于原核生物。甚至连人类也因微生物载体注入的新基因的突然增加而在进化上发生了变化。[13]

这不是逐个突变的缓慢变化。就像现在一样，它可能会在很短的时间内发生——确切地说，是在几小时内。基因水平转移的过程是已知的最拉马克式的进化过程之一。而被入侵的微生物获得的不仅是一个新的性状，而是一整套性状。如果从生命之树的角度来讨论的话，我们谈论的并不仅仅是一根新的树枝。基因水平转移造成的变化有时太过新颖，于是产生的微生物也因为同原先差别太大而成为另一个科的成员，甚至成为一个新物种。这一过程也将在地球未来的进化中扮演重要角色，而载体就是人类——因为我们会向生物中添加新基因，比如将动植物用作食物，或者在试图杀灭作物中的杂草或害虫。

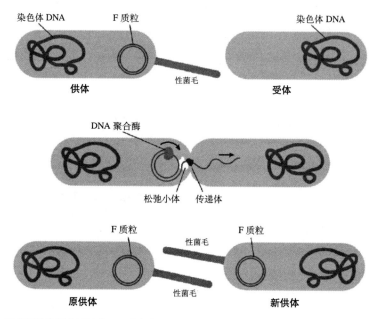

细菌间的基因水平转移，一个细菌中的大部分 DNA 被另一个细菌添加过来的 DNA 置换。[①]

均变论原理是十八世纪晚期和十九世纪早期地质学新科学的"基岩"（容我用个双关语）。早期"地质学家"一直在苦苦寻求出现众多不同岩石类型的原因，直到苏格兰人詹姆斯·赫顿（James Hutton）和查尔斯·莱尔令人信服地为这一原则奠定了"现在是开启过去的钥匙"的基调：形成火成岩、沉积岩和变质岩的过程现在就能看到。[14]

但仰仗均变论原理的不仅仅是地质学，生物学也是如此。人们普遍认为，发生在生物体中的代谢、繁殖和进化过程自始至终都是相同

---

① Barth F. Smets 博士，自然出版集团，2005 年，https://media.nature.com/full/nature-assets/nrmicro/journal/v3/n9/images/nrmicro1253-f1.gif.

的。基因水平转移没有留下任何化石记录，因为分子不会直接变成化石（尽管微生物可以通过遗留的有机化合物或"生物标记"来留下它们过去存在的记录，但这些化合物和标记，在没有生命也缺乏高度特异的分类学分支的情况下是无法形成的）。

过去发生的不仅仅是我们推断出的基因水平转移。其他种类的表观遗传过程肯定也在过去发生过，因为目前所有已知的地球生命的高级分类中的例子都展示出了复制后 DNA 甲基化的相同过程。而且，像动物一样，自然选择也磨炼了许多微生物基因组，这些基因组中假设的甲基化区域会影响表型，最重要的是在 DNA 和蛋白质间的相互作用。一些甲基化位点能对人类产生悲剧性的后果，因为像大肠杆菌这样常见的细菌在甲基化后会变得有毒，沙门氏菌和其他微生物也一样。不幸的是，在这些情况下，不仅发生了表观遗传变化，而且还可遗传下去。

令拉马克在科学上名誉扫地的一个悲剧是，他把长颈鹿脖子变长作为一个好例子，来说明他当时新想到的在生物体一生中获得性状的过程。几乎每本新的生物学教科书都用了长颈鹿向上抻长脖子的插图，意在让拉马克和他的理论成为人们奚落的靶子。拉马克已经成了达尔文主义者的攻击目标。绝无仅有的好例子是有的，只是在拉马克的时代是不可能的，要拉马克怎么阐明一个细菌如何被另一个细菌或病毒入侵，入侵者留下一段新 DNA，其携带独立的基因；或与之相反：入侵者从被入侵的生物体身上攫取基因呢？而在这两种情况下，当相关细菌繁殖时（包括其 DNA 链及其上所有基因的复制），它在功能上就是一个不同的物种。这是一个只需要以分钟计的过程，而不是达尔文进化论的核心——随机突变需要的数世累代。

早期地球生命的多样化

最早的地球生命的分化可能很快就发生了，这种分化形成了具有不同适应能力的微生物，造就了第一个真正的生物群落，在群落中，能量在各色生物体之间流动。在所有化石中，最古老的是被称为叠层石的奇怪柱状物。叠层石最早出现于30多亿年前，至今仍生活在一些极端环境中，其最著名的生活地点是澳大利亚西北部被称为鲨鱼湾（Shark Bay）的高盐度水域。活的叠层石的生命周期令人着迷，由于它们生活在沉积物薄层之间的胶状板中，微生物的有机油膜与沉积物的结合强化了化石作用，使之成为极其坚硬和容易保存的生命证据。不过，它并不仅仅是一个微生物物种。最外层的细菌是能进行光合作用的形态：它们体内有一些区域含有叶绿素，叶绿素能将光和二氧化碳结合在一起产生能量，并得到了氧气这一附属产物。在它们下面，氧含量则迅速减少，而最内层由无法利用光的微生物组成，氧气对它们来说实际上是有毒的。但是会有充足的有机物质和能量从喜爱阳光的外层细细流下，为整个群落提供动力。

问题就变成了：这种复杂的群落是什么时候形成的呢？一个同样有趣且相关的问题是，最初的地球生命肯定是单细胞的，它是如何进化出作为一个整体（如果不是作为真正的多细胞生物的话）来运作的能力的？又是为什么如此进化？细菌的个体体形仅由三种基本形状组成：球状、杆状和螺旋状。而如今我们发现了海量多样的细菌，它们是巨大的克隆体，都源自单一的DNA来源，通过表观遗传活动的更迭得以分化。

像一个真正的组织一样行动的适应性优势是显而易见的，因为即使是像波浪或洋流作用这样平常的环境，也能将单个微小的光合细菌

（或任何其他细菌）迅速席卷到一个委实致命的环境中（没有阳光，水的氧合作用及其他许多环境条件都发生了变化）。但最终，当单个细菌繁殖时，比如那些在任何池塘死水中都能看到的"蓝绿藻"建立起大型克隆"菌落"，就有了充足的体量以便更稳固地留在原处，而且倘若它是光合生物，还能确保朝向阳光。

如果问什么是细菌在早期地球上的前世今生的关键，那么显然，表观遗传机制在重要的生命历史事件和性状中一度是至关重要的，并且现在仍然是。这些性状中包括控制细菌内 DNA 复制的时间点，这是分裂生殖整个过程的一部分，分裂生殖中，一个细菌分裂成两个子细胞，每个子细胞具有相同的 DNA，这些 DNA 已经被加倍并被并排间隔开，间隔位置的距离恰好能成功完成分裂。这可不是什么低劣的小花招。不同于真核生物 DNA 链常见的线状染色体，细菌的 DNA 被包装成一条长的（双螺旋）链，并形成一个环，[15]且没有末端。好像这还不够复杂似的，细菌在被称为质粒的小环中还有第二组 DNA。两者必须都被复制，才能作为细菌繁殖的第二个副本。

所有的生物体都需要不断地修复 DNA。这凌驾于其他只是确保活着的"琐事"之上。DNA 这种复杂的长分子在多样的环境条件下会发生退化。在降解 DNA 方面首先发挥作用的是辐射，其次是高温或其他超出生物体适应限度的环境。

细菌同时利用可遗传 DNA 和不可遗传 DNA 这两种状态。[16]确切地说，它们显示了 DNA 的三种状态："非甲基化的"，即未经添加甲基分子的 DNA；"半甲基化的"，即 DNA 有一些与甲基结合的位点，但没有完全补足；以及（完全）"甲基化的"。半甲基化的 DNA 是不可遗传的，但它必须出现，才能修复 DNA。

在细菌 DNA 甲基化的可遗传形式中，有一种是改变基因表达状态（有时称为基因表达时相）的能力，在这一过程中，其后代都有一个特定基因表达的二元开关。这是在基因执行功能或不执行功能（被关闭）之间的世代变化，之后它会受到自然选择的影响。但进化确实发生了，它首先是由表观遗传机制引发的，而表观遗传机制随后又被整合到自然选择中。复杂吗？没错。而谁会相信生命是简单的呢？[17]

最终，细菌 DNA 甲基化模式的存在似乎可用来产生适应性。许多微生物利用甲基化的方式，大致类似于我们动物利用"基因印记"（gene imprinting）促进适应的方式。既然甲基化模式是可遗传的，它们就几乎成了环境条件（尤其是亲本微生物中的代谢环境）的适应性记忆。由于细菌繁殖如此之快，亲本优化自身代谢以应对当时环境条件的方式也会适用于新繁殖的细菌，而且这也将是一个安全的、促进适应能力的佳选。[18]

马古利斯内共生学说的表观遗传学方面

微生物世界是 DNA 生命第一次重大多样化事件的产物。这个世界里的形态类型很少，因为如前所述，所有的微生物（细菌和古菌）只会是球状、杆状或螺旋状这三种基本形状之一。尽管有许多种类的微生物会产生大型的菌落状生物体，但即使是它们中最复杂的，如叠层石，也只是由这些简单的身体形态构成。为了产生更复杂的、如高等植物和动物一样复杂的生命，必须得进行两次大的跃升。第一个是"真核"细胞，其复杂性程度使它必须是一个较大的（但仍是单个）细胞，细胞内部有称为细胞器的较小的细胞样成分。它们确实是"细胞样的"，因为它们来自细胞——被吞噬，然后被奴役的细胞。

内共生学说[19]是二十世纪末至二十一世纪初一位伟大的生物学家林恩·马古利斯（Lynn Margulis）的成果。正是马古利斯首次详细描述了一个模型：某些微生物在其一生中如何吞噬其他完全不同的物种。最终——最最复杂的地方来了——这些被捕获的细胞成了一个更大细胞的一部分，这个大细胞复制了当下遗传整合的细胞器，比如细胞核、线粒体和植物叶绿体等等。这个过程是拉马克式的，马古利斯本人也表示接受："根据当今的新达尔文式的进化论，新颖性的唯一来源据称是通过随机突变的合并，通过重组、基因复制和其他的 DNA 重排。但正如那些使用'共生'一词的人所强调的那样，共生分析揭示了获得性基因组的遗传的'拉马克式的'案例，由此反驳了这些断言。"[20]

马古利斯的思想集中在"如何"获得进化新颖性①（evolutionary novelty）的方式上，对于 30 多亿年前的微生物世界来说，真核细胞的进化就是一条通往极大新颖性的途径。这个过程很快就被当时的主流思想家所接受，如约翰·梅纳德·史密斯（John Maynard Smith），他指出："共生的适用性在于，它提供了一种机制，通过这种机制，亲缘关系很远的生物体的遗传物质也能在某一个后代中组合在一起。"[21]

作为拉马克式事件的内共生，是马古利斯众多预见性看法的集大成者。她将之视作一个远比达尔文式的进化要强大的形成进化新颖性的方式。人们注意到，作用于新近突变基因的自然选择并不能由此产生新基因。然而，在内共生过程中，马古利斯假设这一过程产生了数千个基因个体的融合，每一个都已经在某些物种的基因组中经受了突变的严苛考验，变得有用和适用。以这种方式变化的潜力将比达尔文

①也称进化新征。——译者注

主义渐进的、逐个突变的变化大上好几个数量级。

这种一个物种被另一个吞噬的速度会有多快？尽管我们没有时间机器，但我们能研究现代生物，因为这种现象一直持续至今。这个过程被称为吞噬作用（phagocytosis），关于一个细胞"吃掉"另一个细胞，确实就是捕食。该过程可能每时每刻都会发生，而这反过来又会在这个贪吃的细胞吞噬者的后代身上引发巨大的进化演变（在某些情况下）。有些人把这个理论（它现在确实只停滞在理论层面，因为尚有太多研究无法对其加以证明）称为"命中相遇"。正如我尊敬的同僚尼克·莱恩（Nick Lane）在他《生命的跃升》（Life Ascending）一书中所指出的那样："所有的'命中相遇'理论本质上完全是非达尔文式的，因为它们假设进化的模式并不是潜移默化，而是横空出世，陡然产生了一个全新实体。……这意味着结合本身起到了某种作用，把极端保守的、一成不变的原核生物转化成了它的对立面——极速发烧友、不断变化的真核生物。"[22]

难道这就是大细胞在它们的命中相遇中吞噬小细胞的目的吗？有可能，但无风不起浪，也有小细胞带有"目的"入侵大细胞的情况：首先是小细胞出于自己的目的而入侵大细胞的。

一旦一个细菌进入另一个细菌内部，它就会为了双方的利益而被锁定在合适的位置上。那么它们是如何融合成一个拥有统一DNA的单个生物的呢？解释是有些基因（DNA片段）被称为"跳跃基因"（Jumping Genes）。它们自我复制成RNA小片段，然后跳回到更大的DNA上。但在某些情况下，它们不是跳回到原来的DNA上，而是跳到吞噬它们的微生物的DNA上。我们将这一过程视为线粒体（在我们真核生物中负责细胞代谢的小型胞内发电站）的一种手段，它们借此逐渐将自己几乎所有的原有 DNA 基因都"跳"进了亲本细胞核内的 DNA。

这有一个来自加州大学伯克利分校（University of California, Berkeley）一个叫作"理解进化"的网站上的精彩案例：

1966 年，微生物学家全广（Kwang Jeon，音译）正在研究一种称为变形虫的单细胞生物，当时他的变形虫群落被一场意想不到的"瘟疫"侵袭——细菌感染。毫不夸张地说，成千上万的微小入侵者（全广称之为 x 细菌）挤在每一个变形虫细胞内，导致该细胞染上了危险的疾病。仅有少数变形虫在这场大流行中逃过一劫。然而，数月后，少数幸存的变形虫及其后代似乎出乎意料地健康。变形虫最终成功战胜 x 细菌了吗？全广和他的同事们惊讶地发现，答案是否定的——x 细菌在它们的变形虫宿主体内仍蓬勃发展着，但它们也不再会令变形虫生病了。更让人惊讶的是，全广用抗生素杀死了变形虫体内的细菌时，变形虫宿主也死了！变形虫离开了曾经的攻击者反而活不下去了。全广发现这是因为细菌产生了一种变形虫生存所需的蛋白质。这两个物种之间关系的本质已经完全改变了：从攻击和防御到携手合作。[23]

这里没有写出来的是下一步：案例中的变形虫现在吸纳了那些细菌的遗传密码，借此来繁殖和构建体内的这些小细菌。这些观察结果绝对是表观遗传学的：当环境发生了变化（微生物入侵），"行为"也发生了变化——在这个案例中，细菌的存在成了大细胞生存的必要条件。而最后一步将会是从遗传学角度对这一问题进行破解。

由于具有随意吞噬小得多的原核细胞的能力，早期的（以及大得多得多的）真核细胞不必等待漫长而缓慢的逐个突变的进化（在其中，每个突变都受到自然选择的严酷考验）。相反，它们可以"吃掉"一个全新的基因库，并通过基因水平转移的方式将其同化。这在机制上不同于前文所述的基因水平转移。吞噬，然后跳跃，基因给了真核生物一个快速的方法去试验各种新的基因组，这也意味着出现新的生命种类。自然选择会作用于这些新的生命形式，但却是拉马克的表观遗传过程导致了形体构型和生理机能的迅速变化。

原核细胞是保守但神奇的化学工厂。当它们所处的水环境的化学成分忽然发生变化时，它们会努力去改变水体环境。而真核细胞则不会这么做。它们通过制造新的身体部位来改变自己，使自己能够在那样的水环境中生存，它们达成目的的方式则是吃掉周围的微小细菌。

复杂的多细胞生命在地球上发展得相对较晚。世界一直被原核生命主宰着，而正是这颗种子长成了生命之树，使得地球生命的进化史很大程度上是由拉马克式的过程，即可遗传的表观遗传决定的。

第七章　表观遗传学和寒武纪大爆发

　　表观遗传学的革命令人难以置信的一点在于，人们在总结地球生命史时，几乎总对它视而不见。几十年来，被称为神创论者的宗教极端主义者一直在两点上批评进化论：复杂性（随机遗传突变的影响程度太大了）和速率（从化石记录来看，物种出现得"太快"了）。他们特别关注的则是寒武纪大爆发（这是 5 亿年前的一段时间间隔和生物学结果），当时，现今地球动物的主要形体构型迅速出现在化石记录中。[1] 然而，表观遗传学能够通过解释将神创论者对生命史的诟病一扫而空。

　　斯蒂芬·迈耶（Stephen Meyer）是"智能设计论"代表团的成员之一，他曾反复指出，寒武纪出现了如此多的动物形体构型，仅凭达尔文的解释是"不可能的"。在这点上我同意他的看法。他又提出这还不够快，[2] 他是对的。但他该去崇拜的神祇应该是拉马克，而不是上帝。

　　神创论者的批评是，达尔文式的机制，尤其是自然选择与逐个基因的缓慢突变相结合的机制，不可能以寒武纪大爆发在数千万年或更短时间内产生所有基本的动物形体构型的那种显著的速度产生。不过，更快的进化演变的证据就在我们周围。例如，杂草入侵新环境时可以迅速改变其形状。问题不在于新的形体构型是否由表观遗传形成（随后通过可遗传的表观遗传而被及时推进），而在于传统的达尔文式的进化是否与多次确凿的快速进化有很大关系。有一件事是肯定的：没必要扯上超自然现象。

这里假设有四种不同的表观遗传机制，它们可能导致了区分这些物种的物种种类和形态类型的大量增加，而这产生了我们现在所熟悉的寒武纪大爆发，这四个机制是：第一个，已经耳熟能详的甲基化；第二个，小分子 RNA 沉默；第三个，组蛋白的变化，它是决定一个DNA 分子整体形状的支架；最后一个，基因水平转移，目前动物身上也有发生，而不仅仅是微生物。它不是循序渐进的，不需要数百万年，连数百万秒都不用。可惜的是，这些不是具有坚硬部位可以留下化石的过程。但是，对现存生物体中所有这些过程的观察（尤其是通过现代遗传学研究）提供了一些依据，可以认为它们在远古时代就已经开始起作用了。正如前一章所指出的，在这四种变化中，基因水平转移似乎是最具拉马克式风格的进化演变了，因为今天我们所观察到的这个过程完成得十分迅速，并能在一个生物体的一生中引发基因组的持久变化。

运动能力和寒武纪大爆发

寒武纪大爆发已被写得太多，似乎写无可写了。但令人惊讶的是，在约 5.44 亿至 5 亿年前的寒武纪中，有两个可谓是这个时间段产生的最关键的重大变化，但对于表观遗传过程如何涉足其间，却几乎没什么发现，于是也做不出任何推论。这两个重大变化的其中一个是全新的形体构型的急速出现。不单单是变化，而是动物的全新结构，然后在遗传上稳定下来，形成"门"这个分类类别。众所周知，所有动物

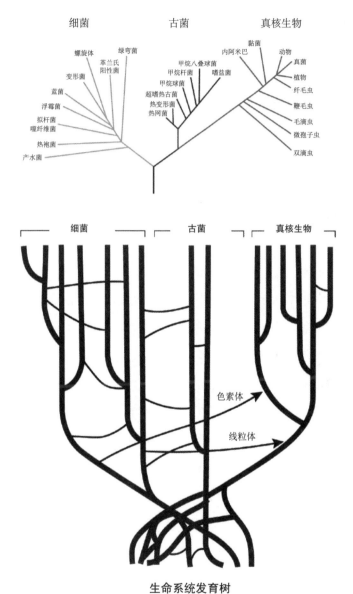

生命系统发育树

上："标准的"生命系统发育树，纵向描绘了性状随时间变化而发生的进化演变。

下：拉马克式的生命系统发育树，从纵向和横向同时描绘了性状随时间和表观遗传转变变化时发生的进化演变。《我们所不知道的生命》，彼得·沃德著。（纽约：企鹅集团维京出版社，2005 年）

的门都是在这段时间内出现的。极快的速度简直就是达尔文的附骨之疽。化石记录呈现在他面前，指明三叶虫这种高度复杂的动物就是最早的动物。[3] 于是达尔文不得不去设法查实三叶虫的一系列前身物种。化石记录中所有那些中间形态又在哪里？

现在对化石记录的了解已大为深入。我们知道三叶虫实际上出现在寒武纪大爆发的后期，而在它之前还有许多节肢动物。[4] 可是，根本问题依然存在：这么多的进化演变是怎么发生得这么快的？

加州大学伯克利分校的查尔斯·马歇尔（Charles Marshall）很久以前就注意到，早期动物进化出的一个突出变化就是它们的实际运动能力。[5] 由腿、鳍、波动带来的运动，是各种形态和相随的由里及外的生理变化的集大成者。出现在前并可能是最早的动物的，是奇特的埃迪卡拉动物，它们没有运动能力，一生都只能待在同一片海底。但是寒武纪系① （system）的底部有着第一块"痕迹化石"（trace fossils），它恰恰就是运动的证据。运动是一种行为，本身就是一种大脑功能。最近，表观遗传学领域的元老伊娃·贾布隆卡与西蒙娜·金斯伯格（Simona Ginsburg）合著了一篇离经叛道的论文，但极具逻辑，并可能就是正确的建议[6]，她们认为这是一个学习上的突破，通过表观遗传学过程使其具备了能力并传递下去，这是导致寒武纪大爆发中出现快速进化演变的主要原因。

在研究论文枯燥的科学行文间，贾布隆卡和金斯伯格提出了这一全新的观点，在进化重要性上具有革命性的意义。迄今为止，主要是古生物学家试图从岩石和（对达尔文来说）令人恼火的不完整的化石

___

①对应地质年代中的"纪"的年代地层单位，年代地层是根据地层形成的时代进行划分的。——译者注

记录中的线索来了解动物的历史。但这是科学家们对寒武纪大爆发的一个新看法，他们深知，了解表观遗传学，就能提供更多解释的可能性。这还是第一次，人们假定应激激素之间存在一种新的结合，这种结合使得新进化的动物能够运用日益复杂的行为，而这种行为又得到了灵敏的新感觉器官的帮助——包括第一次出现高效的眼睛。贾布隆卡和金斯伯格称之为"基于学习的多样化"。

这意味着，动物捕食者和猎物的行为变化不仅在形态上，而且在行为上开始了一场"军备竞赛"。学习如何狩猎或逃跑；在一定距离外通过嗅觉或视觉来探测食物、配偶和栖息地，或是辨认水中传来的震动。不过，倘若新的行为和能力没能传递下去，就都无关紧要了。随着更多的动物形体构型及其组成的物种出现，生态群落发生了翻天覆地的变化。根据作者的说法，动物的表观遗传系统是"不稳定的"，在对动物重新排位的过程中，表观遗传系统给予了它们新的形态、生理还有行为，而其间，在更大程度上利用了强大的激素系统。光是看到捕食者接近是不够的。只有在动物体内充满了应激激素，整个身体都警觉起来并进入"战备状态"的前提下，再意识到逐步逼近的危险才能让它逃过一劫。这需要的是强大的行动执行者。随着时间的推移，这些系统会变得可以遗传，据作者所言，在战或逃反应相关化学物质上的新进化已经极大地增强了早期动物的生存能力，此外，也大大提高了在"令动物能够开发新的生态位（niche），促成新型关系和军备竞赛，并引入通过遗传固定下来的适应性反应"上的成功程度。

除了这些，还有视觉。而大脑、行为、感官和激素把神经系统与消化系统缔结在了一起。动物的成功不单单是适应性的功劳。而是这些不同的系统结合成一个整体，既促进了生存能力，又在进化井喷的寒武纪大爆发期间促进了新物种的快速进化。

寒武纪动物的感觉提升

动物之所以成功的重点之一同大脑功能和智力不无干系。我们大脑的众多处理流程之一就是学习，5亿年前很多脊椎动物祖先的大脑概莫如是。但是为了加速学习，感觉输入需要升级。

关于寒武纪大爆发的一个有趣的假设是，捕食者——最终还有它们的猎物——在进化上发现了视觉的巨大优势。[7]尽管在如今浑浊的水域里，许多鱼类依靠它们的侧线系统根据水波振动来探测水中潜在捕食者的存在，甚至在更为浑浊的河水中，高度特化的电鳗及其同类还会利用电荷来达到同样效果。但即便如此，视觉仍然是一种在寻找猎物和配偶以及避免成为猎物方面非常有用的感觉工具。但光有视觉是没有用的，除非在神经能力和大脑智能上有了进步，才能看到所见，更不用说"看懂"所见了。

但是，如果没有从以往经验中汲取知识从而获益的能力，即便如此也不是个理想状态。换言之，要会学习。因此，贾布隆卡和金斯伯格提出了一个极其有趣的假说，即早期脊椎动物的学习能力增强本身也会加快并引导进化演变。首先是学习，然后在一个正反馈循环中获得更敏锐的视觉，对所见事物有了更强的解释能力，而最重要的是行为上的改变。正如拉马克很久以前所假设的：行为先改变，然后自然是形态上的改变了。

这种反馈循环当然不会随着寒武纪大爆发而结束；这只是大脑能力变化如神的开端。约3.5亿年前，当脊椎动物终于爬上陆地停留下来时，上述过程可能有助于促进在空气中视物所需的新型眼睛和新型听力的产生，以及增加借助两者而进行的交流。但这些势必要与内部信号系统相联系，信号系统会利用导致恐惧或遁逃的化学物质（激素），再同合作行为即后来更进一步的利他行为相结合，引起强烈情感和情感联系的进化，而能表达象征意义则使这些系统得到了进一步的提升。

具备思考能力，对伴侣的憧憬愈发具有象征意味，再结合高级激素系统，就会出现救生的行为。鸟儿会将捕食者从配偶和幼鸟处引开。动物会为幼崽带回食物。当能感知象征的智力与血清素的强烈爆发相结合时，当家庭成员遭遇危险导致皮质醇和肾上腺素飙升时，而这些又有了一层家族、部落和忠诚的象征意义，自然选择就开始生效了。一个种群的生存有时取决于某些成员的牺牲。这样的利他行为有着悠久的历史，不过在寒武纪也许还没有。但寒武纪是我们脊椎动物第一次在化石记录中出现的时间，当时的脊椎动物是大小和形状都如蠕虫的类似文昌鱼的小型生物，斯蒂芬·杰伊·古尔德在《奇妙的生命》（*Wonderful Life*）中对此曾有精彩的描写，无独有偶，古尔德有次告诉我，该书本身就充满了从文化到更深层的情感背景的象征意味，讲述了生命史中的机遇，以及我们人类史中的机遇。而这只名为皮卡虫（*Pikaia*）的动物，如果没有表观遗传过程，就根本不可能作为人类的祖先而出现。

伊娃·贾布隆卡与西蒙娜·金斯伯格并不是在表观遗传变化背景下思考寒武纪大爆发的仅有的先驱者。另有一篇雄心勃勃的论文[8]也提出，一个基本的表观遗传机制是激发寒武纪大爆发的"触发器"，但它是从一个与贾布隆卡和金斯伯格的观点截然不同的解剖学角度来看的。

　　这项研究的作者克里斯·菲尼克斯（Chris Phoenix）指出，地球上最早出现的两种动物门——海绵动物①和刺胞动物之间存在重大生物学差异。刺胞动物包括珊瑚、海葵和水母（尽管新研究[9]表明，类似水母的栉水母可能还早于刺胞动物）。虽然这些早期的类群确实是"多细胞"动物，但无论是海绵还是水母，都没有后来所有动物所具有的以单向方式分化的细胞。[10]

　　在继海绵动物和刺胞动物之后出现的更"高级"的动物中，一旦一个神经细胞已经成了一个神经细胞，或者一个肌肉细胞已经成了一个肌肉细胞，它一生都会一直保持这种状态。快速的定向运动是移动的捕食者所必需的，而使之成为可能的重大变化则依赖于双侧对称性，双侧对称的形体构型给了动物一个头、一个尾部和方向感知。自此以后头部区域就有了感觉器官，于是就仰赖类似大脑的器官出现，而所有这些都离不开细胞分化。这种细胞的极度特化需要某种表观遗传控制。大多数动物都具有复杂的器官级别的身体部位。器官是由特化的组织构成的，而这些组织又是由各种特化的细胞组成的。然而，所有的生物体是如何从受精卵变成复杂的动物的呢？器官中的细胞有完整的遗传信息，可这些基因中的大部分是用不到的。例如，肝细胞并不需要构建红细胞所需的基因。通过甲基化，就能以一次一个突变的速度缓慢地打开或关闭基因组的大块区域，抑或产生巨大的变化。菲尼克斯在他的论文中提供了一个新的视角。

　　这两篇科学论文分别发表于 2009 年和 2010 年。从那时起，与表观遗传学和寒武纪大爆发相关的研究一发而不可收，可迄今为止，所

①即多孔动物。——译者注

有这些都没能写进教科书。

如何在一个缓慢（或没有）运动的世界里当一条鱼

在寒武纪大爆发中出现的所有生物中，我们最感兴趣的无疑是我们自己的类群——脊索动物。尽管最先进化出来的若干脊索动物有一些奇怪的形状，但在这个类群的早期历史中，有一种身体构造导致了极为成功的多样化：一个线条流畅的梭形身体，围绕着一条笔直的"脊椎骨"，产生了我们十分熟悉的高度的头部专化（前面有突出的头）的形状——鱼的形状。

寒武纪时期的世界，在寒武纪大爆发的过程中，一生大部分时间里处于静止状态的海底动物比能活动的要多得多。虽然许多最终固着不动的动物——如海绵、海葵、众多软体动物、所有的腕足动物和苔藓动物①、被囊动物以及管虫——刚被孵化时确实以微小幼体在海洋浮游生物中随波逐流了一段时间，但它们一生中大部分时间都没有移动过。而因为它们从不移动，所以很少有完善的感觉器官甚至是头部。动物身体设计的一大进步是两侧对称动物的进化：具有一个头、一副躯干和一条尾巴的生物是左右对称而非前后对称的。

这个前后轴的出现，使得身体两侧对称，头部被新进化出的感觉器官所覆盖，带来了一种新的生活方式：捕食。但直到寒武纪末，只有最高级的节肢动物才有这样的形体构型，并因此同最早的脊索动物构成了竞争关系，因为它们共有一种新进化出的能力：快速游泳，无论是为了追捕猎物还是为了躲避捕食者。我们最古老的祖先的身体中

---

①目前，原先的苔藓动物门被分成了外肛动物门和内肛动物门，前者有时也沿用苔藓动物的名称。此处由于两者均营固着生活，加之考虑到作者本意，故未作区分。——译者注

并没有硬骨，它们最近缘的现生亲戚是一种被科学界称为文昌鱼或蛞蝓鱼的生物。但节肢动物有一些这些小而简单的脊索动物没有的东西——颌，以及在生存战争中作为进攻性武器的螯等附属物。不久之后（寒武纪晚期），又有一个捕食者类群加入了节肢动物，它们也是捕猎原始鱼类的食肉动物：头足类。早期鱼类理应有最适合遁逃的身体。于是这种似鱼的形状迅速出现，最初是由一根从头到尾的神经索支撑着，后来在硬骨鱼中这根神经索则由脊椎骨包裹。

早期鱼类横穿海洋的能力几乎是前所未有的，它们比笨重的节肢动物更具流线型。尽管这时鱼还很小，除了极小的猎物外，它不能咬住或吞下任何东西；它们就像现在的蝌蚪，能以细菌和海藻浮渣为食。这些与我们同类的第一批动物需要一些新的结构上的适应性才能生存下来，比如看到朝它们而来的捕食者的能力，以及迅速游开的能力，也许最具推动力的自然选择因素，是对一种能力的渴求，而这种能力能让它们避免成为形形色色且称霸一时的节肢动物和头足类动物的盘中餐。

虽然寒武纪节肢动物中有捕食者，但也有好挖泥土、缓慢移动的食碎屑者，对其他动物没有威胁：这些就是三叶虫。它们以富含有机物的海泥为生，从中滤出混合的营养物质。而蝎子和蜘蛛的祖先则生活在水下。节肢动物类群是当时世界上最大的动物，自然也是最凶猛、捕食最成功的霸主。比如奇虾（*Anomalocaris*）这个庞然大物，形似龙虾，体长接近骇人的 6 英尺，两只大眼每个都有 8000 个水晶体，还有一个修长的适于波浪状游泳的身体，常能达到目前已知的世界最快游泳速度，而这么一种动物，倘若放到现代世界，它可能不只是守住自己的领地那么简单了。

寒武纪出现了三种快速移动的捕食者——节肢动物、头足类动物和我们的祖先脊索动物。它们都擅长游泳。但其中，只有流线型的脊椎动物的形体构型仍然存在于今天的无数鱼类之中，这种形体构型有着承载大脑的头部和细长的身体，是理想的游泳体形。然而，这种水生的身体设计的构成中，也有一些能帮它们进化成陆地生物的部分。尽管节肢动物也能在陆地上生存，但它们的身体设计永远不可能达到能威胁大型陆生脊椎动物的大小，因为在陆地上，节肢动物的外骨骼在接近大型犬的大小时，就会很快被重力压碎。至于头足类动物，它们从来就没有离开过海洋。

脊索动物的激素——助我们成功的无名英雄?

最新研究[11]已表明，是最早的鱼类首先进化出了最高级的激素应激系统，可能早在 5 亿年前。然而，尽管十分古老，这些激素不仅在原始寒武纪鱼类现存的后代——奇丑无比的七鳃鳗和盲鳗身上还能找到，而且在所有脊索动物身上都能找到，包括人类。我们现在知道，包括人类在内的脊椎动物血液中的应激激素量，是外部环境诱因和内部生理反应之间的平衡，而我们自己的系统已然经过了 5 亿年的进化锤炼。

不过，与进化出的特定激素同样重要的是所谓的"肠—脑轴线"（gut-brain axis）的进化，[12] 或者更具体地说，下丘脑—垂体—肾上腺轴（hypothalamic-pituitary-adrenal axis），简称为 HPA 轴。

HPA 轴在结构上分为三个部分，分别位于身体的不同部位。下丘脑在大脑里；垂体就在其正下方的脑干中；而肾上腺则远离两者，位于肾脏的正上方。每一个都有着不同的功能。

在环境压力方面，HPA 轴的生物学过程如下，这一过程被进化论者称为"高度保守"。（下文概述的步骤发生在第一批脊椎动物身上，而且至今仍在发生，尽管该系统的细节和复杂性已发生了改变并有所增加。）在受到一个（或多重）压力刺激后，下丘脑神经细胞会合成一种叫作神经肽的小分子，它有一个非常特殊的功能：能引发分泌激素的垂体产生第二种更大的分子（称为促肾上腺皮质激素，简称 ACTH），它会被释放到血液或身体的其他循环系统中。当这些 ACTH 分子最终到达肾上腺时，它们会结合到受体位点上，就像钥匙匹配钥匙孔一样，解锁（即触发）强大的皮质类固醇的形成。

在人类世界中，类固醇可谓声名狼藉，即使是少量也能极大地影响人们的表现，这就是为什么禁止棒球选手、奥林匹克运动员、环法自行车赛骑手等使用它们的原因。

而皮质类固醇在哺乳动物中分成了不同功能的两大类，它们会影响体内的矿物质平衡（比如盐含量乃至血压等许多纯生理反应），还会在某些环境状况（比如被追逐和吃掉等诸多可能性）下，提供快速兴奋整个身体的化学物质。它们在胚胎脊索发育过程中也起着重要作用。[13]

在卵子受精后，皮质类固醇是至关重要的，特别是在影响心脏、肺和大脑的正常生长方面。这一类强大激素的另一个作用是，使脊索动物从其他大多数动物门中一跃而起：它们控制矿物质的浓度，如支持运动（无论是快速的还是长期的）所需的钙和磷酸盐。磷酸盐是产生能量的线粒体补充三磷酸腺苷（ATP）储备的必需物质，ATP 像一个小型化学电池，为肌肉和人体其他需要能量的器官提供能量。例如，一条早期的有颌鱼被一只大型捕食者海蝎攻击，会有一场追逐，也许意义重大，在这场追逐中，鱼为了求生用尽全力遁游。最后逃出生天的它会立即感到饥饿。于是鱼开始摄食，以补充血糖，以及钙、磷、钾甚至铁（为了血液中的血红蛋白）等元素，这些在运动脱力后是必不可少的。有些类固醇会刺激"饥饿"感从而引发摄食反应。摄食反应是一种行为。而逃避反应一开始也是如此，它也是由体内涌出的激素刺激产生的。

皮质类固醇还有另一个重要的方面：它们通过负反馈系统进行自我调节。但物极必反。没有脊椎动物能在 HPA 系统连续"开启"的情况下长时间运作。随着越来越多的皮质类固醇充斥身体，它们开始被受体吸收，从而抵消了它们的功能——它们的许许多多功能。激素水平越高，这些吸收位点就越快（和 / 或有越多位点）开始起作用，清除动物体内的高水平皮质激素。

就像生命中的许多事情一样，在动物生长过程中，构建 HPA 系统的第一步是由特定基因调控的。这些基因长期以来受自然选择的作用，HPA 系统已经在我们的谱系里存在很长时间（5 亿年）了，这一事实表明了它在太多方面的用处之大，从构建能维持正常矿物质水平的身体，到引发对环境变化的反应。

这就是同表观遗传学确切的交集所在。在一个生物体（无论是微生物还是鲸）的一生中的环境变化，都能刺激变化的发生，在某些情况下，这种变化会变成可遗传的。我们才刚刚开始从科学的角度认识到这些变化实际发生的频率如何，发生在哪些物种中，以及特别发生在哪些情况下。[14]

寒武纪大爆发是产生所有动物形体构型或分类"门"的关键时间和事件，为陆地和海洋的统治（就两者中最大的动物而言）创造了条件。自此之后，甚至在寒武纪大爆发之后的物种大灭绝中，再也没有产生过新的形体构型或分类"门"。对于统治陆地的最重要的一个动物门来说，我们成功的关键正是表观遗传过程，它致力于改善智力、行为，以及连接内脏和脑的激素系统的相互作用。但直到最近，压力源和表观遗传的作用才被认识到与众多综合过程相关。[15]

第八章　大灭绝前后的表观遗传过程

　　大屠杀在让人心生恐惧的同时也摄人心神，这一简单的事实或许可以解释为什么我们对远古时代的大灭绝如此执迷。自动物出现后，随时间推移发生了多次大灭绝，而那时大多数能变成化石的物种就会"突然"从化石记录中消失。伯克利的地质学家沃尔特（Walter）和路易斯·阿尔瓦雷茨父子（Luis Alvarez）、弗兰克·艾萨罗（Frank Asaro）和海伦·米歇尔（Helen Michel）轰动一时的发现令人们兴趣大增，他们发现，最著名的史前生物，也是最受人喜爱的恐龙，显然是在一颗直径 10 千米的小行星撞击地球的同时忽然消失的，这一事件可以追溯到 6500 万年前。每个小学生都知道，随后，哺乳动物从隐蔽处慢慢爬出，从老鼠般大小的形体构型中脱胎换骨，迅速进化成覆盖全球（至少覆盖陆地）并主宰生态系统的更大动物。

　　1980 年明确提出了大型天体撞击是物种大灭绝的原因，这一范式在二十世纪结束之前不仅被推崇为"白垩纪—第三纪"（K-T）物种大灭绝（不幸的是——当然是对公关人员而言——后来被改称为"K-Pg"，意思是白垩纪—古近纪）的原因的假说，而且被认为是五次动物大灭绝中另外四次的原因。然而，到了 2010 年，人们已经清楚，6500 万年前的 K-Pg 撞击并不是众多撞击中的一个，而是独一无二的，它造成了一场全球大灾难，灭绝了 50% 以上可以变成化石的物种。[1] 而比 K-Pg 事件影响面更广的是 2.51 亿年前的二叠纪—三叠纪大灭绝。[2] 归根结底，哪场灭绝导致的死亡数更多呢？

古生物学家曾努力总结出了在大灭绝中死亡的生物分类群（taxa）的确切数量，只不过这种做法最终会弄巧成拙，因为我的同行们在如何计算死亡数上无法达成一致。应该是灭绝的分类群的总数吗？（即使在这一点上也存在分歧：它应该是科、属还是种的总数？）还是应该把生物体个体死亡的百分比作为相对灾难的主要衡量标准，好比我们人类用死亡人数来评估战争的致死率一样？无法达成共识。这就像是在问下面哪个更具有灾难性：是第一次世界大战吗？其中全球范围内死亡人数较少，可在全球总人口的背景下，死亡人数的比例更高，或者是其间死亡人数较多的第二次世界大战？

在我和乔·科什文克（Joe Kirschvink）2015 年出版的《生命新史》（*A New History of Life*）一书中，我们确认了十个这样的事件，可追溯到数十亿年前。目前所经历的所谓第六次大灭绝其实远不只是第六次。我们认为它是第十次。[3]

古生物学领域目前面临的最令人困惑的问题之一，是在任意时间间隔内存在的物种数量，以及在各种大灭绝事件中消失的物种数量。在没有重大灾难的"正常"时期，这就关系到任意百万年间物种灭绝的数量和百分比。物种确实会灭绝，最常见的则是在正常（无灾难）时期以一定速度发生的灭绝，原因通常是由于能更好适应的物种的竞争，或是由于一些新的、高效的捕食者的捕猎。

但这类研究的问题更多地在于使用的数学方法，倒不是实际事件本身。是一战还是二战中死去的士兵更多？二战军队的死亡数百分比

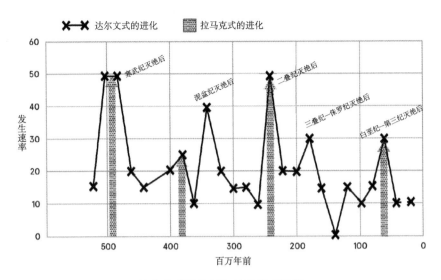

达尔文式进化 VS. 拉马克式进化

拉马克式的（表观遗传）进化有助于解释在大灭绝后大量新物种是如何出现的。[1]

要比一战军队的小，但是军队规模更大。所以，是按照死亡人数占军队总人数的百分比更高来算吗？

答案仍不尽如人意，因为我们确定的死亡数不仅取决于我们计算得到的数量，还取决于存在的物种（或属，或任何可代表全球种群的分类层级）的绝对数量。第一批试图通过时间来评估全球多样性的生物学家认为，自从动物首次出现以来，它们的数量与日俱增（除了大规模灭绝带来的短期缩减）。如果是这样的话，那么约2.5亿年前发生的90%物种灭绝实际上可能比约6500万年前发生的70%物种灭绝要少得多，假设两次灭绝之间的物种数量翻了一番的话。

①基于彼得·沃德和Ross Mitchell，"Epigenetic vs. Darwinian Time，"摘要，美国地质学会彭罗斯会议，阿皮罗，意大利中部，2017年9月25日至29日。

要看待过去 6 亿年间这些全球事件，或许有另一种更清晰的方式：要关注的不是物种的数量，而是消失的形体构型的数量。表型（形状和结构）是由基因型加表观基因组共同促成的。那么，有多少独特的动植物形体构型消失并被取代了呢？又或者不是被取代，而是与新物种在生态上重叠了？这些新物种不仅有全新的形体构型，而且在生态系统中还有新的"职位"。在白垩纪早期（约 1.3 亿年前）之前，因为根本没有花，因此更谈不上需要授粉的蜜蜂。因花粉而设置的"职位"是不存在的，就像软件工程师的职位在二十世纪七十年代之前也是不存在的一样。生命的扩张常常产生新的动物种类，以响应全新的形体构型。那么，为什么在花出现之前就进化出了蝴蝶呢？

大灭绝的范式和表观遗传学的作用

关于物种大灭绝的书数不胜数，再老生常谈就显得多余。目前，在我们有些研究大灭绝的学者看来，至少在动物时代，造成物种大灭绝的有三大原因：（1）最罕见的是来自太空的巨型小行星或彗星的撞击。（2）温室大灭绝事件，大规模的火山活动导致全球迅速变暖，继而由于极赤温差减少而导致海洋缺氧。在这个大灭绝模型中，气候变暖会减少或中断洋流运行，借由温盐环流进行的氧合作用大量减少。（3）由酷寒和冰期引起的灭绝。[4]

新的研究应该聚焦在这三种灭绝原因假说中表观遗传过程的作用上。显然，表观遗传学并没有产生或控制任何巨大星体来撞击地球，也没有向我们发射小行星，更没有造成洪流玄武岩（flood basalts）。但在这样的事件之后，表观遗传过程又扮演着什么角色呢？来自太空的岩石消灭了地球上大部分生物群，并通过快速的进化演变引发了生物群落的大规模变化。

导致灭绝的已知表观遗传效应

过去 5 亿年间后果最严重的一次大灭绝，即二叠纪—三叠纪灭绝事件，有着众多深入人心的俗名，包括"大死亡"（the Great Dying），甚至是"大灭绝之母"（the Mother of All Mass Extinctions）。[5] 对其死亡数的估计取决于从哪个分类层级来看。芝加哥大学的古生物学家、已故的大卫·劳普有过一个著名的估计，他认为超过 90% 的属已经灭绝——每个属通常由多个物种组成。[6] 可劳普的预测来自二十世纪七十年代，从那以后，几乎没有专业人士再进行过彻底调查。显然，大多数能够留下化石记录的物种都灭绝了。也许细菌和病毒的种类比目前所知的要高出很多倍。

今天，全球的生物多样性清单上列出了近 200 万个物种，还有些估值则高达 2000 万种，大多数物种想必都是微生物。在物种层面上，微生物似乎没有受到大灭绝的干扰。二叠纪大灭绝可能使约 70% 的动物物种灭绝，但消匿于这场大灭绝的微生物种数可能要少得多。然而，我们动物是沙文主义者，我们总认为微生物无关紧要。

即使灭绝的物种数量比早先认为的要少，二叠纪大灭绝对各种生命而言，仍是地球历史上最具毁灭性的死亡事件之一。努力找出其原因已成了地球科学家们的兴趣所在。本世纪初，又一颗来自太空的麻烦的小行星被提起，这是出于一个基于已知事实的假设——6500 万年前灭绝恐龙的 K-T 大灭绝在很大程度上或完全是由小行星撞击造成的。但根据二十世纪九十年代末至今的大量证据，二叠纪大灭绝绝非如此。大约 2.51 亿年前，发生了一次洪流玄武岩喷发，这是地球地质时期所知最大规模的此类事件之一，它将包括二氧化碳和水蒸气在内的各种温室气体排放到了大气中。2014 年的一项研究[7]又新增了甲烷的存在，它也是一种能使地球变热的温室气体。

丹·罗斯曼（Dan Rothman）和他在麻省理工学院（MIT）的同事们结合了地质学、遗传学、地球化学和进化生物学，并综合现有结果得出了一个假设：表观遗传变化与最大规模的一次大灭绝有关。

在二叠纪大灭绝之前的几百万年里，世界处于生物生产力最旺盛的时段之一，地球上的植物、微生物和动物的体量可能比以往任何时候都高。从大约 3 亿年前到 2.5 亿年前，这段时间是地球上的动植物在物种数量上取得巨大成功的时期，而在所产生的实际生物量上更是如此。这是一个植物和动物蓬勃发展的时代，而作为这些生命"繁荣时代"的结果，不仅是生命物质，还有有机物质，它们的积累量之大可想而知。就像温暖和煦的夏天制造了大量秋季的落叶，二叠纪时期蓬勃发展的生命也会以死亡的植物、动物和微生物的形式增加有机碳在地球上的积累量。

在这个欣欣向荣的世界里，有机物质的季节性积累（如陆地上的落叶和细枝，或是海洋中丰富的二叠纪浮游生物的尸体）把大量富含能量的有机化合物带到全世界的海底，由浅及深。在较浅的海底，死亡的有机物会腐烂，但大量有机物总会沉入氧气很少或没有氧气的湖底和海底。由于当时的全球气温很高（比现在高得多），高纬度的南北两极和低纬度的赤道地区之间的温差比今天要小。而暖气团和暖水团只会向较冷的区域移动。因而，在二叠纪晚期，海洋表面的环流已经很少了，在深海甚至更少。不像今天的海洋中既有垂直（有深度变化）环流，也有水平洋流，如我们熟悉的墨西哥湾流（Gulf Stream）。由于几乎没有风，没有墨西哥湾流的同等条件，也几乎没有将富含氧气的寒冷地表水带到深海的运动，来自充满氧气的世界的大量富含能量的尸体沉落到缺氧的海底。

与此同时，富含能量的尸体——树叶和其他生物残骸——被有机化合物醋酸盐所包围。这种物质阻挠着深海底部数量已经很少的好氧微生物，就像樟脑丸对付小飞蛾那样，醋酸盐阻碍了当时海底的细菌利用这些沉落的有机物作为食物。这对其他被称为"产甲烷菌"的深海微生物（因为它们在接近或完全厌氧呼吸后会释放甲烷）来说是件好事——只要产甲烷菌有能够利用死亡的有机物作为食物的遗传机制，起初它们确实没有。二叠纪末，所有海底都聚集了大量的富能量物质。但美味佳肴近在眼前，却鲜有物种能大快朵颐，因为食物上覆盖着难吃的醋酸盐分子。

借助前文描述的基因水平转移，表观遗传学登场了。就像通过基因水平转移产生的第一次生命多样化一样，产甲烷菌也通过吸收新基因改变了它们的遗传结构。产甲烷菌从一种完全不同（甚至不是同一界的）的微生物中捕获了两个处理醋酸盐的基因。这个改变世界的拉马克式的事件可以追溯到大约 2.5 亿年前，遗传学家比较了五十种不同现代生物的基因组从而发现了它。利用"分子钟方法"（比对生物体 DNA 的相似性来测定它们的古老程度），能处理醋酸盐污染食物的微生物基本上起源于二叠纪大灭绝的同一时间。新改造的海底产甲烷菌开始行动了，并由此产生了大量的甲烷，而甲烷是所有温室气体中最强的一种，加之基因捕获使产甲烷菌得以大量增殖。它们产生的甲烷随后导致了温室气体的急速增加；与此同时，在现在的西伯利亚地区，从一次巨大的洪流玄武岩喷发中也释放出了甲烷，该事件被称为西伯利亚暗色岩（Siberian Traps）洪流玄武岩事件。

结果，生物圈这一地球生命生存的地方迅速升温。溶于海水及后来大气中的气体含量与从前大有不同，这对所有需要氧气的生物和所有无法耐受35°C以上持续高温的生物来说，都是致命的，包括了几乎所有多细胞生物。

问题是，醋酸盐基因的表观遗传转移是不是可遗传的呢？或者说是不是所有这种微生物在生命中的某些时刻都会发生这种变化，然后传下去呢？微生物简单地通过复制它们的DNA而分裂成两半，每一个都有一套完整的拷贝，而且它们分裂得很快。这次二叠纪晚期的事件似乎是可遗传表观遗传学的产物，而不是简单的表观遗传变化，后者在生物体死亡时就会随之消失，并不会在每一次繁殖中传下去。而此时此刻，放弃了这个基因的细菌又怎么样了？它马上灭绝了吗？这像是一种致命的寄生吗？对供体微生物而言，就像是基因组被打劫了，但又不是全部。[8]

丹·罗斯曼及其同事的研究，为我们提供了一个极其确凿的实例，阐明了表观遗传学如何应对能导致大灭绝的全球环境变化。

作为大灭绝后果线索的家养动物

快速进化机制的问题是揭开寒武纪大爆发和动植物物种大灭绝后迅速恢复的奥秘的关键。如前所述，在大多数情况下，化石记录不足以增加太多关于快速进化的新信息。幸运的是，人类一直在进行大规模研究，研究动物驯化过程中的进化演变。狗从它们的野生祖先变为许多不同"品种"的速度恰恰就是一个很好的例子。[9]但是科学家们不愿意用狗做实验动物，所以实验人员最近用鸡做了相关研究。鸡是在几千年前被人类驯化的。

最近，在瑞典完成了一项堪称惊人的形态学和其他功能的转化，照理，这类转化应该完全是由鸡的遗传密码决定的。[10]但结果出人意料。各种各样的家养鸡都起源于原鸡（*Gallus*），它是一种热带鸟类，俗称红原鸡。人类饲养它们的第一个记录是在大约 8000 年前，推测是将它们圈养起来，并把它们当作食物来培育。

达尔文认为，这些变化是人类将自己可怕版的自然选择强加给它们来迫使进化演变发生的结果，但保存下来的变化则来自缓慢的突变过程。饲养者可能会注意到他的某只鸡比其他的都要肥美，然后他会用另一只肥鸡与其交配。但是，肥胖这个新性状最初是如何形成的呢？它需要的远不止是一个遗传改变。一只胖鸡需要重构身体以获得相匹配的肌肉系统、血管、生长变化模式等等。事实证明，家养鸡比它们的人为进化模板原鸡要胖（事实上是胖了两倍）。所有变化都是由达尔文式的机制引起的吗？达尔文用驯化的例子来支持他的观点，即物种的形成是自然选择的结果。但是达尔文一直闭口不谈的是行为。家养动物在许多行为方面与它们的原始祖先有显著的不同。

在一篇关于家养鸡进化的论文[11]的引言中，作者列举了家养鸡与原鸡的不同之处：家养鸡长得更快，性成熟年龄更小，下蛋更多更大，羽毛颜色和结构变化范围广，而且，与现代鸡的非家养系相比，家养鸡具有不同的行为模式。这些新进化的鸡似乎与其他鸡的关系更薄弱，社会交往也更少。它们不仅对争夺配偶和食物的同类竞争对手，甚至对潜在的捕食者的攻击性都小得多。

鸡的驯化似乎在不同时间发生于不同地点，广泛的地理分隔强烈表明，在中国 7000 年至 8000 年前的驯化历史中，就应该出现过多种情况，但形似目前家养型的鸡，直到 4000 年前才出现在广袤的亚洲大陆的较西部地区，在当时印度河谷（Indus River Valley）的新月沃土（Fertile Crescent）①。然而，就从那时起，家养鸡飞速蔓延到了欧洲和北非。

令丹尼尔·纳特（Daniel Nätt）及其共事的瑞典团队感到震惊的是，这些差异的总和似乎大于家养鸡和原鸡的基因组差异之和（数据应该有所保障）。如此相似的基因是如何在如此短的时间内在后代中产生如此大的变化的呢？因此，研究团队开始着手比较表观基因组（家养鸡基因组及其 DNA 上的甲基化位点的总和）与原鸡基因组的差异程度。

此前，该研究小组曾证明，诱发极端压力会导致家养鸡的大脑发生表观遗传变化。与野生种相比，家养鸡的 DNA 表现出广泛的甲基化。这些甲基化模式被证明是可遗传的，并延展到了其他基因表达上，远远超出了压力的影响（诱发了可遗传的压力分子状态）。结论是，由于表观基因组的特性，家养鸡的变异程度在许多世代中大大增加，从而产生了多种多样的表观遗传状态，影响着从行为到生理等一系列特征。更有意义的是，实验人员随后将高度甲基化的家养鸡与野生种杂交，发现其后代表现出了甲基化状态，并持续了八代。

关于鸡的驯化的故事有助于我们直观地了解大灭绝后随之而来的进化演变。出现了有着大规模变化和差异的新环境：捕食者消失，有了新的食物来源。两者都创造了鸡的新式行为。不久之后，新型的鸡也出现了。对于大灭绝的幸存者来说，世界也改变了。在白垩纪末期

---

①此处作者疑似有误，新月沃土一般被认为位于约为今天的两河流域和埃及地区的区域，涉及的河流有约旦河、幼发拉底河和底格里斯河，并没有印度河。——译者注

的恐龙灭绝中幸存下来的许多小型哺乳动物，对它们来说，如果能吃腐烂的恐龙，就有了充足的食物，而且到处都不再有迅猛的恐龙捕食者。哺乳动物可以生活在白天，不再夜行。有食物而没有捕食者！还有通过表观遗传过程的快速进化。

尽管关于大灭绝的科学研究肯定会同时考量原因和最终的死亡数，但这些相对罕见却改变生命的事件还有另一个方面。由于这么多物种在短时间内灭绝，最初留给地球的生命要远远少于灭绝之前。一个被清空的世界，也是一个充满机会的世界，五次最严重的大灭绝之后，随之而来的不仅是新物种的形成，而且常常还是全新的形体构型的形成。在二叠纪大灭绝后数百万年的中生代早期，动物和植物看起来与灭绝前的生物大不相同。同样令人困惑的是这些新物种在化石记录中出现的速度。它们进化得很快。

大灭绝后

"灭绝债务"（extinction debt）的概念指的是，一次重大灭绝的主因会使许多物种迅速死亡，而其他坚持下来的物种的数量也会越来越少。这些物种一样最终难逃厄运，只是它们的灭绝速度没有其他物种那么快，它们中的许多物种在第一轮灭绝浪潮来袭时还能进化出较新的物种来应对。在古代的灭绝中，这种"恢复动物群"与来自危机前的慢慢消失的物种混杂了几千年。同样的观点也适用于地球上数量正在迅速减少的许多——也许有太多——物种：大象、长颈鹿、老虎等。不同之处在于我们有动物园——但如果一个物种只能在动物园里生存，那么这个物种本质上不就是灭绝了吗？它还算存在吗？

在过去的大灭绝中，大规模的杀戮创造了如此不同的环境，于是引发了恢复动物群的形成，而且形成速度非常快。从这个意义上说，家养鸡也算是一种恢复动物群。大灭绝是一个环境上的双重打击：首先是杀戮阶段（无论是由于环境突然变得太热、太冷还是太毒导致的），然后是第二阶段（没有食物、没有配偶、没有共生），导致了大多数生命的消失。这种天翻地覆的环境变化当然可以被认为是产生了进化演变的另一个阶段：表观遗传变化。以达尔文式的方法进行的缓慢变化不够快，不足以促进物种的生存。

在过去的每一次重大灭绝之后，不仅产生了新的物种，而且常常产生了新的种类的物种。例如，著名的导致恐龙死亡的白垩纪—第三纪大灭绝之后并没有出现恐龙形体构型的另一次进化——除了鸟类，但它们比一般的恐龙要小得多。相反，幸存下来的哺乳动物们纷纷产生了许多新的形体构型。一个可能的原因是，大撞击后的世界在环境上已经不同了，而且并没有回到能产生且有利于恐龙形体构型的相同条件。

在之前的一本书中，[12] 我和亚历克西斯·罗克曼（Alexis Rockman）设想过，世界巨型动物群（megafauna）的灭绝，是当前这场大灭绝的第一记重拳。当前的大灭绝现在已经进行了 4 万年，始于澳大利亚的有袋类动物和巨型蜥蜴的灭绝。过去的大灭绝就是这样发生的：大型动物首当其冲。

从更新世晚期到全新世（两个时期可被合并重新定义为人类世①，

---

① 2019 年，隶属于国际地层委员会（ICS）的"人类世工作组"（AWG）投票认定地球已进入人类世，并计划在 2021 年向 ICS 提交一份关于"人类世"的提案。AWG 指出二十世纪中叶是"人类世"的起点，但关于人类世的开始时间，目前仍无定论，有学者认为从十八世纪的工业革命开始，有认为从 8000 年前农业出现开始。作者认为的人类世开始时间，可能与人类的第二次认知革命差不多，属于少数派看法。——译者注

开始于 4 万年前）的"新的"恢复动物群在身体结构也许还有行为上，
与行将灭绝的优势物种（包括大多数未被驯化的大型哺乳动物）大相
径庭。我们知道，通过驯化过程形成的新的生物种类已经触发了表观
遗传途径，这些途径产生了丰富的具有新外形和行为的狗、马、家猫
和鸡，因此，人类世的新的恢复动物群说不定也已经带来一些令人惊
奇的物种。就像我们谁能预见到家养火鸡呢？或是杂交出美丽的茶香
月季和盛开的山茱萸？抑或是育种得到的英国斗牛犬①？或者还有人
类的种族，约 1 万年前，随着全世界吃人的食肉动物（大型猫科动物、
大部分狼、大部分大型熊）的灭绝，以及差不多同时，一种全新的持
续的食物供应（农业）的出现，当前的人类也开始了自我驯化，这也
标志着人类遗传变化大幅增加，后文将对此展开详述。

　　如本章前文提到的，驯化的过程提供了一些通过表观遗传学进行
进化演变的最佳例子，而在某些方面，生物工程在食物、动物和植物
上的"现代"成就只是早期驯化的延伸（但使用了截然不同的方法，
如植入新基因）。

　　在二十世纪末之前，自然界从未进化出一颗方形番茄，或是任何
一种如今在农田和科学实验室里都颇为常见的基因改造植物和动物。
正如物理学家通过技术操作在自然界中产生了非自然元素，人类也同
样发明了新方法，培育出各种各样的植物和动物，而若没有人类的干
预，这些植物和动物永远也不可能出现在地球上。新基因被创造出来，
并被剪接到现生生物体中，以创造新的生命变种，它们的生命"半衰
期"将非常长。有些还可能会一直存续下去，直到数十亿年后的未来，

----

① 这些都是典型的被人类驯化或杂交的物种品种。——译者注

不断膨胀的太阳最终将生命之火熄灭。

人类已经深刻地改变了地球的生物组成。我们以既微妙又粗暴的方式做到了这点，我们可能不仅借此改变了有机世界，而且使其更倾向于某种进化演变的状态，这种变化多是由表观遗传主导，而非达尔文主义。

自然是由生态系统组成的，这些生态系统大致可以通过能量流经其中的各色生物体的方式来识别，而所有这些生物体都已经适应了特定的环境。人们最早认识到的一个方面是，吃其他生物的生物数量可以根据它们吃什么和它们被"谁"吃来细分。例如，在陆地的草原上，草的生物量比牧食动物（现在主要是牛）多得多。同样，牧食动物的捕食者数量比牧食动物少得多，中等体形的野猫、狼和小一点的熊都更为少见。在这个"金字塔"的顶部是顶级的食肉动物，体形最大，数量也最稀少。在大灭绝期间，数量最少的动物和食量最大的动物最先灭绝。这是因为大灭绝是通过杀死个体来消灭物种的。而种群越大，分布越广，就越难被扼杀。

二叠纪大灭绝之后

南非的大卡鲁沙漠（Great Karoo Desert）是最著名的化石场地区之一。放眼卡鲁，干燥而尘土飞扬，现在只用来牧羊，它拥有世界上最丰富和完整的化石记录，记载了古生代结束和中生代开始之间至关重要的时间间隔。在卡鲁，二叠纪至三叠纪的脊椎动物在数量和种类上比地球上任何地方都要多。正因为如此，它应该是地球上测量二叠纪大灭绝余波之下的进化演变速度的最佳地点。

二叠纪大灭绝以及其他几个"温室灭绝"的环境原因，是由于激烈的火山活动释放出大量温室气体，而导致全球迅速变暖。约 2.52 亿年前，同密西西比河、哥伦比亚河或尼罗河流量差不多的蜿蜒大河穿过非洲大陆的南部。随着大河季节性流经泛滥平原时，就会产生清晰可辨的地层。这是因为河流很少是笔直的，而所有河曲根据水深不同都有一个高流速侧和低流速侧。在河曲的高流速部分，侵蚀作用向河岸掘挖得更深，而在另一侧称为"河曲沙洲"（point bar）的地方，则被较软的沉积物逐渐填满。二十世纪末对这些河床的研究中令人惊讶的一点是，它们与大灭绝相一致：河流的形态发生了变化，从蜿蜒的形状变成了被称为辫状河的河流——曾经流淌着一条大河的河谷如今满是相互交织的小溪流。而这种变化——对居于其间的动物来说是一个重大的环境变化——需要新类型的适应性特征。

这种转变最惊人的一面来自这些河床的古生物学记录。虽然如上所述，卡鲁河床中确实含有化石，但这是一个相对的概念。大型脊椎动物死亡后的骨骼落入河流中，残骸要被冲走一段距离后才得以停歇。它们的骨骼被埋藏在河流沉积物中，以此进入岩石记录，可它们从未像无脊椎动物化石那般常见。如今，有数不清的鹿、羊和牛生活在河边。人们会在一定程度上关心羊和牛，但并不会关心鹿。例如，在宾夕法尼亚州东部和新泽西州的乡村地区，实在有太多鹿了，以至于它们都成了夜间驾车者的一大危害。可是，如果某天你在这些州的任何一条大河边从头走到尾，却很少能在河岸上发现有拦住去路一动不动的鹿的尸体，即便有，而且看起来好似不久之后，它就会被沉积物掩埋，但其实，这些出现的尸体很快就会支离破碎，骨头散落一地，被各种各样的食腐动物叼走。

卡鲁盆地的二叠纪晚期地层也是如此情况。对应于最近的时间间隔的，是所谓的二齿兽带（Dicynodon zone），就地寻找骨骼需要进行大量的搜索工作。南非博物馆（South African Museum）和华盛顿大学（University of Washington）的古生物学家们合作进行了一个为期五年的项目，最后表明，在二齿兽带中，每一块可鉴定化石的发现，需要有经验的古生物学家平均每人花费 8 小时的搜寻时间。[13]

不过，鉴于有着足够的时间和人力，这个项目和前几代古生物学家的研究已经初见成效，发现了似哺乳爬行动物令人惊叹的多样性，可能包括了十几种大大小小不同的食草动物，其中最大的就是二齿兽，这种和牛一般大小的爬行动物。在该生物组合中发现的食肉动物数量可能只有总数的一半；最大的食肉动物是狮子和熊一般大小的丽齿兽（或称蛇发女妖兽）。这个群落也有一系列属于不同属的小型食肉动物。

十九世纪以前的北美食草动物和食肉动物的群落就好比各种不同的"营养"类群，它们与卡鲁二叠纪时期重建的群落有相似之处。在北美，曾有（现在公园里仍有）种类繁多的啮齿动物和多种食草动物。各种各样的鹿，有大有小，但在麋鹿和驼鹿面前都显得矮小。食草动物的捕食者有很多种，从最小的臭鼬和鼬到山猫、猞猁、美洲狮和黑熊，还有狼和最大的食肉动物灰熊。有很多种食草动物和食肉动物，但食草动物的数量远远超过食肉动物。

在这两个野生群落中，选择的压力都很大。食草动物的日常生活就是利用感觉适应，察觉接近的食肉动物，以及利用运动适应努力躲避捕食者的袭击。它们还需要非常特别的适应能力来应对栖息地范围内的季节性植被变化。

捕食者的选择压力也很大。适应能力差的下场就是挨饿和死亡。食肉动物需要敏锐的感觉来寻找猎物，需要高速的移动来追捕猎物，需要灵活的动作来杀死猎物。这需要三种非常不同的结构上和生理上的适应。

而当你在地层中随时间推移而向上行走，穿越灭绝边界，走过一层又一层薄但富于变化的泥岩，旋即进入几十米厚的鲜红地层。在这些块状的红色地层里，有着不计其数的单一化石的遗迹——一种被称为水龙兽（Lystrosaurus）的食草动物，它大小似羊，是灭绝的幸存者。水龙兽的巨大数量令人震惊。而这些地层所有出产的食肉动物也数量稀少。该地区拥有足以杀死水龙兽的体形和身体武器的动物只有一种，它是鳄和短吻鳄的先驱者，但它是在水龙兽出现几千年后才出现的。

这种肉食性爬行动物可能甚至都没有同水龙兽生活在一起，更不用说吃它们了。它们出没在池塘和浅河附近，可能是半水生动物。与该区域丰富的食草动物相比，在水龙兽附近发现的其他食肉动物都很小。根据泥岩地层中的穴状不连续性，大多数食肉动物似乎在三叠纪最初期就已生活在洞穴中了，水龙兽也是如此。

对于进化生物学来说，坏消息是，目前在卡鲁发现的二叠纪动物化石当年的死亡发生在一个很薄的地层间隔上，因此时间相对较短。但更让人惊讶的是，新发现的动物群——数量众多的水龙兽和为数不多的食肉动物——是瞬间形成的。这些动物突然出现了，就好像成群的羊被一下倾倒到世界上，几个家猫大小的食肉动物在水龙兽的腿间疾行，努力不让自己被踩死，而三尖叉齿兽（Thrinaxodon）寻找着甲虫。这种体形类似老鼠的小小的食虫哺乳动物，是我们人类的祖先。对食草和食肉动物来说，这都是一个新世界。在我们的世界里，小型食肉动物会被大型食肉动物吃掉，但是在卡鲁世界里，水龙兽和食肉动物都可以自由来去。根本没有选择的压力。水龙兽没有必要去察觉食肉动物的到来，或是能够快跑和逃避它们，因为那里就没有大型食肉动物。

在这一进化实验中，那些有幸在大灭绝中幸存下来的各种水龙兽一发不可收。大卡鲁沙漠的化石记录显示，水龙兽的表现就像人类驯化的动物一样。在二叠纪大灭绝袭击之前，卡鲁盆地里这个生活在陆地上的群落里有许多种类和形状各异的大型陆生动物，它们吃的是陆地和浅水塘里丰富、低矮、多叶的植被。这些动物会被大型食肉动物跟踪，其中最特别的是"狮—蜥蜴"杂交种，它被称为丽齿兽。但是这些大型食肉动物——甚至是中型食肉动物——都没有在这次大灭绝中幸存下来。于是幸存下来的食草动物的数量迅速增加。

幸存的水龙兽为世界补充生命的速度，比一个新的捕食者从头开始进化或是一个吃虫的小型史前哺乳动物进化的速度要快得多。因此，在那次大灭绝后的数十万年间，卡鲁盆地在三叠纪最初期的生态系统里，这种绵羊大小的（推测还有绵羊的脾性）的水龙兽数量泛滥。大灭绝之后，它们的平均体形急剧缩小。根据柯普法则（Cope's rule），动物的体形应随着它们的进化而增大。然而，当缺少捕食者时，情况就变了。鸟儿会失去翅膀，因为不再需要飞翔。而没有捕食者，食草动物就越变越小。这种三叠纪新进化出的迷你水龙兽的体形已经变小了，为了进化出足以压过它们的体形，食肉动物还是花费了漫长的时间。

类似的事情也发生在我们驯化鸡一类的动物时。我们消除了它们的捕食者，于是它们不再需要快跑、躲藏或反击，原本因此而导致的自然选择的约束消失了，身体结构和行为特征也改变了。捕食者的消失是所有环境变化中最重要的之一。拉马克认为，环境改变会导致行为的改变，而行为的改变又会导致身体结构的改变。二叠纪大灭绝后不久，在幸存者中出现了各种各样的新形状。它们的进化和家养鸡用了同样的方式——通过快速的、可遗传的表观遗传变化。

我们人类也受制于进化的自然规律，包括表观遗传规律。作为一个物种，当我们把我们的捕食者消灭时，我们所经历的环境类似于那些家养的笼中鸡所适应的环境。当我们改变了食物不足的局面而转投农业时，我们几乎没有必要去抵御捕食者，也不需要花大部分的时间去搜寻食物。但可能也会有协同进化发生，我们创造了狗、鸡、牛、小麦和谷物，而它们也创造了我们。我们这些"现代"后农业人类——我们是被驯化的人类吗？我们取笑牛、鸡、羊是傻瓜仆人，但它们又是怎么看待我们的呢？如果过去是序幕，我们自己的驯化应该在见证不同人种涌现的同时出现，或发生在其不久之后。

随着我们的驯化（或没被驯化），可以确定的是，我们的习性改变了，然后我们的结构、生理改变了，但可能首先改变的还是拉马克式的行为。人类的众多人种可以与狗、鸡和其他家养动物的众多种类进行类比——都是相同的物种，都能生育活的后代，都有身体结构上的差异。

我们的行为确实改变了。不再受自然选择的约束，我们开始了群居生活（相伴而来的是疾病和寄生虫），并生产新的食物。无拘无束，广阔的土地任由我们踏足。我们一度放火燎原，因此引发了拉马克所预言的那种非同寻常的环境变化，而这种变化是产生有史以来最大的有机变化（这才是进化的真正定义）的必要条件。在北美、新西兰和澳大利亚，清理土地导致了植物群向某种耐火植物发生进化演变，而在这些地区，在人类纵火者到来或进化之前，这个物种的存世数量很少。为了变成一种能在每年的灼烧中存活下来的植物，必须有一些精细而复杂的形态、生理乃至行为机制，而这些机制是如何迅速发展到足以避免灭绝的程度的呢？很可能是表观遗传学。

我们已经彻底毁灭了某些物种，并大量杀害了无数的物种，要么是为了满足我们对食物或安全的需求，要么仅仅是为了便于我们尝试新农业而改变景观的一个意外的副产品。我们偏爱一些在残酷的达尔文式的世界中原本永远无法生存的物种，胜过其他一些有更强适应性的物种，因此改变了自然选择的作用。我们创造了新类型的生物体，首先是通过畜牧业和种植业，后来是通过对我们感兴趣的各种生物体的遗传密码进行复杂的操作和拼接。人类的存在已经开始彻底改变地球生命的多样性——不仅仅是物种的现有数量及其相对于其他物种的丰度，还有那些基因组不是自然选择产物的生物体的进化。

第九章　人类历史上最美好和最糟糕的时代

　　智人①是生命史上最新的物种之一。我们的存在不能用百万年做单位来衡量，甚至连一半都没有。而若以某种方式让最早的智人（*Homo sapiens*）中的一个复活，拿他与我们现在的人类相比，会是一件饶有趣味的事情。我们能实现的最近似的方法是比较骨骼，但我们无法知道智人最古老成员的基因组的很多细节，因为我们没有来自第一个智人的骨骼的DNA。与其他哺乳动物相比，我们还很年轻。尽管我们所属的类人猿不是。

　　古人类学家在解释产生人类的成种事件的地点和时间方面完成了一项了不起的工作。[1] 人类的科，被称为人科（Hominidae），可能始于300万到400万年前，当时出现了一种叫作南方古猿阿法种（*Australopithecus afarensis*）的小型史前人类。从那以后，人科已经有了多达九个物种，尽管随着新的发现和对古老骨骼的新解释的发表，关于这个数字的争论还在继续。但无可争议的是，前更新世早期原始人的最重要的后代是我们人属（*Homo*）的第一个成员，这一人类物种

---

①一般将智人这一物种分为早期智人和晚期智人，1万年前至今的人类（包括我们）被称为"现代人"；20万年前至1万年前的智人称为"晚期智人"，也被称作"解剖学意义上的现代人"，因为两者之间的体质特征差异很小，有时也将现代人归为晚期智人。而最早出现的智人称之为"早期智人"，同我们在形态上有一定差异。但关于人类的起源和演化的学说，学界至今未能完全统一。——译者注

由于具备使用工具的能力而得名能人（*Homo habilis*），意思是"能干的人"。它生活在大约 250 万年前，并在约 150 万年前又发展出了直立人（*Homo erectus*），而直立人要么在约 20 万年前直接发展成了我们智人，要么就是经历了海德堡人（*Homo heidelbergensis*）这个进化中间物种。人类被有些人进一步细分为许多不同的变种，但还是与人属的其他成员共存着，包括尼安德特人（*Homo neanderthalensis*）以及一个研究甚少的群体——丹尼索瓦人（Denisovans）。[2]

每一个新人类物种的形成，都是在一小群人科物种历经多代从一个较大种群中分离出来时发生的。在二十世纪六十年代至七十年代，有一种观点认为，现代人类来自于一种被称为"枝状大烛台"的进化模式[3]，即在地球上，不同血统的原始人类（如直立人）都会在不同的时间和地点进化成智人。这一观点已被驳倒。产生现代人类的主要进化演变始于一些孤立的人类小群体。

想要理解人类是如何有今日之气象的，没有比那些在人类生物学和文化史中寻找重大变化的主题更切题的了。研究人类史的历史学家基本上分为三个阵营。第一个从化石的角度研究过去的人类及其文化，第二个利用考古技术（挖掘文物），第三个则研究各种类型的书面文本或口述历史。现在学校教的历史就是这些的结合。

然而，我们几乎没有研究过人类历史上的重大环境变化是否导致了一些相生相随的进化演变，这些变化不仅是形态学和生理学上的，还有可遗传的人类行为上的。与此相关的是来自人类化石和古代器物的线索，以及估算新基因或被改造基因的生成年代。其中包括对自智人第一次进化以来，人类大脑的功能机制发生重大变化的时间和原因的调查。

其中一个事件被称为"认知革命"，[4] 它的支持者认为约在 7 万年前就已开始了。根据这一理论，认知革命是产生第一个真正的文化的转折点，然后通过书面语言、公共艺术的逐渐兴起，以及各种工具使用的巨大进步，成为了进化的第二种手段。而许多证据表明，这一事件发生在 7 万年前。对它的支持者来说，认知革命假说得到了文化的显著变化的支持，而该变化本身可能是由人类对世界的认知和交流方式的变化引发的。这可能涉及真正的遗传变化，它们在决定人类智力——大脑和意识如何工作——的变化方面具有重要意义。可惜的是，人类头骨化石提供的信息很少。

重大的进化演变不会在给定物种的一整个大种群中同时发生。例如，人类的乳糖耐受基因让我们能够利用一种易得的、营养丰富的新食物来源，而这个基因是慢慢传播开的。这些新颖的、具有竞争优势的生物体开始出现在一些小的、隔离的种群中，如果它们的生存能力真的突出，那么这些种群就会在地理上分散开来，或是胜过那些没有基因的种群（通常在这个过程中会把它们清除掉），或是把新的基因传递给后代种群。

人类在 7 万年前的一系列行为变化，被考古学认为一定具有重大意义 [5]，这些变化的出现也许就是起源于一个经历了遗传变化然后扩散到全球的小型人类种群中。有很多证据链表明，一场重大的环境灾难影响了当时生活在北非的人类种群，而这场灾难与疑似人类认知能力的改变大致同时发生。

自从人类最初进化以来，获得充足的食物可能是他们最紧迫的任务。因此，食物供应的波动会对可能是狩猎—采集群体的种群规模产生影响。农业要过很久才会出现，因此肉类和植物食物来源的供应保障在很大程度上是由气候决定的。约7万年前人类历史上发生的最严重的火山事件就是这样的气候变化。它被称为多巴火山爆发（Toba eruption）。[6]

十九世纪，喀拉喀托火山爆发（Krakatoa eruption），其所在地是现在的印度尼西亚，这场爆发向大气中排放了大量的火山灰，导致全球许多地区光合植物的生产力在一到两年间大幅下降。尽管喀拉喀托火山的威力还远不及多巴火山喷发，但它却可能引起了之后数年内接近暗无天日的情况，而这肯定会导致植物的死亡继而导致动物间的饥荒，因为缺乏植物而带来的饥饿会沿着食物链蔓延到非食草动物（尽管也有与此相反的研究）。

而在现在的苏门答腊岛所在地发生的多巴火山爆发，已被反复指认是生活在一些纬度接近地区的智人灭绝的主要原因。[7] 爆发的规模和被汽化的岩石数量会使数米厚的火山灰落下，厚厚地覆盖住该区域以及整个地球位于下风处的地区。细火山灰的数量会改变地球的反照率（被表面反射而非吸收的辐射量或光量），这个情况不知持续了多久。反照率的突然变化引起大气环流的变化。不仅植物被杀死，而且智人赖以生存的猎物的栖息地和数量也会大大减少。

在这种情况下，导致重大进化演变的因素很可能确实发生了——比如种群整体规模的缩小和小型繁殖种群同较大基因库间的隔离等因素。而让这一特殊事件变得最引人关注的发现在于，遗传学家们抽丝剥茧，已将当前人类的起源追溯到了生活在非洲大陆北部的一个非洲种群，他们所生活的地方，正是这样一个因重大环境变化而变得极不安定的地区。

多巴火山爆发的后果可能会使气候发生急剧变化，导致更冷的温度，还可能有降雨量的改变，并在一段时间内失去温暖和正常的阳光。于是，食物供应量变小之外，或许还会令生活在火山下风处的人类被物理隔绝，从而使本来的大面积地区变成了只在少数几处才有的仅存植被、能养活人类的类似岛屿的地方。

火山爆发使该地区的人口数量锐减。由于瓶颈效应，人类基因库发生了彻底改变。与此同时，地球正在经历有记录以来最快的全球气温变化之一。不久之后，就是这个将要征服世界并将其他各种人类取而代之的种群依靠双脚走出了非洲，脱离了当时世界上影响最大的火山的阴影，那里火山的温度仍在直线下降。

在幸存者中，有一小部分人经历了变得可遗传的行为变化，产生了文化上的变化，其重要性怎么说都不为过。携带新基因的成员随后动身出发了。但这仅仅是一套新的基因组吗？最初的改变是发生在表观基因组而非基因组上的可能性又有多大呢？火山爆发造成了资源不可预测的局面，幸存下来的人类因此发生改变了吗？在大灭绝中，最先消失的总是食物链顶端的食肉动物，因为在正常的哺乳动物生态系统中，这些食肉动物总是依赖于猎物的肉量，而维持生态系统的猎物生物量至少要比食肉动物大一个数量级。

最大胆的猜测是，由于多巴火山爆发，北非地区的智人一开始就面临着巨大的选择压力，大多数人可能死于饥饿。但是幸存下来的人（他们可以内部交配）之后所面临的压力要小多了。需要食物的人变少了，捕食人类的动物数量可能也减少了。拉马克告诉我们：首先是环境变化，它导致了行为差异，而行为差异又导致了表型改变。

第二次认知革命

人类认知特征再次转变的第二个时间段，被认为发生在约 4.5 万年前，同时也有重大环境气候变化正在发生，但这次不是由火引起的，而是冰。

所谓的冰期在时间上被为期 200 万年的更新世涵盖。在整个更新世期间，大陆冰川的不断推进和退却，地球大部分地区的盛行气候发生根本变化，在全球许多地区造成了季节温度和降雨模式的极速变化。海平面以百年为单位以前所未有的速度变化着。

4.5 万年前的这场认知革命最显而易见的证据是，它似乎带来了一种全新的人类表达方式——在世界许多地方都发现了宏伟美丽的洞穴壁画。[8] 尽管类似的艺术在第二次认知革命之前很久可能就已经被创造出来了，仅仅是因为那时发明了更好、更持久的绘画颜料，才导致了艺术的"突然"出现，但大多数人类学家倾向于这样一种解释，即人类表达中出现了一些新颖的东西。可是，如果人们一致认为，从约 4 万年前起愈发频繁出现的可视艺术是新颖的，那么这又为什么会发生呢？

人类学家坚持认为，引发第二次认知革命的是"文化"原因，而不是生物学原因，这一观点占了上风。

文化演变还是进化演变，或两者皆是？

最近，芝加哥大学（现任职斯坦福大学）的人类学家理查德·克莱因（Richard Klein）解决了这一分歧。克莱因的态度不容辩驳，他认为生物学是造成这一矛盾的原因——是一次真正的进化演变的发生导致了文化变化，[9] 而不是相反。尽管大多数人类学研究部门不同意克莱因的观点，但最近的一份综述完美地概括了他的研究。它始于对人类最古老的首饰的发现，而首饰是令我们变得更具魅力的实物。

这些约 4 万年前制作的易碎的珠子得自肯尼亚一个叫作 Enkapune Ya Muto 的地方，意即暮光洞穴（Twilight Cave）。[10] 而一些人类学家认为，它们的意义远不止这些。暮光洞穴中的人们可能把它们作为仪式礼物或信物来交换——使这种像麦圈的东西成为已知的最古老的象征。克莱因说，如果这些珠子是人类最早的象征之一，那它们就代表了人类物种生涯中最重要的革命之一：现代人类行为的发轫。愈发广为人知的是，动物行为的许多方面都有遗传基础，人类亦是如此。

克莱因认为，大约 4.5 万年前，一次偶然的基因突变可能以某种方式重组了大脑，增强了创新能力。也有人推测，与基因的新颖性有关的，不仅是这种新艺术，连口头语言也从根本上增加了复杂度。

在过去的 2 亿年间，想必没有哪个时期会如大冰期一样，经历了漫长且动荡的快速气候变化。6500 万年前，一颗导致恐龙灭绝的小行星撞击地球，随后发生的重大扰动确实迅速改变了气候，在短短几千年里，地球就变得不再稳定了。但是在将近 250 万年的时间内——即最近的 250 万年内——覆盖了大陆和大部分如今是开阔海洋的区域的大陆冰川，有过一次重大的冰进冰退。在这个变化的大锅里，呈现着进化的壮丽，地球上出现了一些史上最大的哺乳动物，包括巨大的乳齿象、猛犸象、大角鹿和地懒，不一而足。地球（除了南极洲）从一个在 250 万年前的上新世末期几乎无冰的星球转变成了一个被大量冰川覆盖的星球，这些动物中的大多数可以被认为是响应于这次转变。一个有着广阔热带和更辽阔的温带草原、几百万年一成不变的世界，变成了一个洋流和气流可以在二十年内将全球温度改变许多度的世界，正如现在我们从诸多冰核研究中看到的那样。

古生物学家们试图诠释远古动植物的生物学过程，而在更新世研究上的近况为他们提供了一个重要优势：在某些情况下，能从骨骼和其他有机物质中得到可恢复的 DNA 片段。特别是在近 5 万年间，这些 DNA 的发现显示了表观遗传变化在重大进化演变中的重要性是多么无可比拟。最具争议的发现是甲基化，从表观遗传学角度改变了已灭绝和现存人类的 *Hox* 基因位点。[11] *Hox* 基因对所有动物的发育都是至关重要的，无论是最简单的，还是最复杂的。这些基因开关告诉身体的各个部分如何形成，何时形成，以及形成何种形状。

当特定的 *Hox* 基因被激活时，即使是轻微的延迟或提前也能改变人类头骨的形状，比如可以使其产生更加突出的眉骨，或是增大鼻子的尺寸，又或是导致下巴后缩而嘴部突出，抑或是使肢骨的形状略有不同。有这些就可以得到两个不一样的人，基因和基因间几乎完全相同，但看起来却有天壤之别。即使拥有相同的基因，不同的表观基因组也能使一个人看着"现代"，而另一个则是典型的穴居人，当然，这是基于著名的尼安德特人和不那么著名的丹尼索瓦人。

在智人和尼安德特人之间，仅有不到一百种不同的蛋白质，[12] 分布在 2.5 万个不同基因的产物中。但当比较表观基因组时，在这些"穴居人"和"现代"人类的两组 DNA 中，有超过 2000 个不同甲基化状态的位点。因此，并不是这些不同蛋白质的氨基酸组成的细微差别造成了表型上的深远差异。2014 年的一项研究表明，这是由两个物种之间表观遗传因素的差异造成的，其中最重要的是智人和尼安德特人 *Hox* 基因复合体的差异甲基化模式。[13]

在这项研究中还发现了另一个主要差异。尼安德特人中与各种疾病相关的基因位点被甲基化的可能性是智人相同基因的两倍。结论是，尼安德特人和他们的亲戚丹尼索瓦人有着共同的疾病，但根据相关位点是否甲基化，可能会导致不同的结果或死亡率。

Hox 基因复合体表现出了甲基化模式的差异，这一发现可能是理解肢体和指趾（我们的手指和脚趾）的快速和重大变化是如何发生的关键线索。这种快速变化中最著名的是马的进化，从 5500 万年前始新世的多趾的小蹄到今天的单趾大蹄。而这也表明，表观遗传过程对过去的人类也有影响。

从新石器时代到农业

仔细考虑我们会遭遇什么变故是大有裨益的，因为到 2100 年，人类人口可能会达到 110 亿的高峰，[14] 这是 1 万年前开始的趋势的延续。也许我们的生物学历史上最重大的变化是由我们社会历史的变化引起的。随着农业的诞生，城市出现了，继而出现了拥挤人群、新的疾病，以及越来越多的人。人类进化的历史马车并没有放慢脚步，相反，一度只有一小群狩猎者及采集者的城市和农田发生了变化，于是令我们的进化开足了马力。这段历史的很大一部分是可遗传的表观遗传效应，从科学上来说相当有效率。而最近一个冰期期间，它肯定也在被前农业时代的人类所猎杀的动物之中发挥着作用，我们通过直接测量大冰期哺乳动物和人类的 DNA 知道了这点，这些测量显示了表观遗传的甲基化位点。

迈克尔·克莱顿（Michael Crichton）的《侏罗纪公园》系列小说及其配套电影的异想天开之处是，如果将 DNA 保存在琥珀中，数百万年后 DNA 仍能保持不变。"不变"对于任何经年累月的生物分子来说都是不切实际的，更不用说超过 2 亿年了。然而，一群被称为"古生理学家"的研究人员正在收集来自更新世大冰期的 DNA。他们发现，不仅可以从古兽和古人类那里收集到从那时起的重要信息，而且一些表观遗传标记也被保存了下来。

二十世纪末的古生物学出产了一个精彩的故事，有关 1.2 万年前北美大冰期末期时北美乳齿象灭绝的原因。密歇根大学（University of Michigan）的古生物学家丹尼尔·费希尔（Daniel Fisher）利用乳齿象长牙的详细测量数据[15]，来确定这一曾历史悠久的物种的最后代表是否受到了气候变化（也许还伴随着食物缺乏）或被狩猎的压力——根据发现的留有矛头的乳齿象骨骼，推测是由于人类过度狩猎。费希尔从对现代大象的研究中得知，雌象在怀孕期间会重新吸收部分象牙，这样更多的钙就能进入正在发育的胎儿体内。费希尔还知道了，在今天，当大象被人类猎杀时，它们会生育更多幼象以弥补数量上的不足。所有这些都是从象牙中得知的。

现在，正是真实、可读且仍然有机的 DNA，给了我们关于古代大冰期哺乳动物的所受压力水平的信息，同在古人类 DNA 中发现了甲基化如出一辙，这些研究记载了在大冰期最后阶段，由表观遗传驱动的古动物压力水平的变化。紧跟前沿的是阿德莱德大学（University of Adelaide）的艾伦·库珀（Alan Cooper），他每年夏天都会花部分时间冲洗北极的冰川沉积物，寻找 2 万年前的能提取出 DNA 的新鲜骨骼。表观遗传学正是他研究的核心。[16]

库珀已经证明，当地球上有新区域被人类入侵时，表观遗传标记的水平会上升。他的研究显示，大约 2 万年前，当来自北极地区的大冰期的野牛和麝牛首次遇到穿越亚洲的人类迁徙（一系列会将大量人类带到北美的迁徙中的一次）时，甲基化水平急剧上升。

直到 2.5 万年前，分布广泛的人类已经踏足了除南极洲以外的所有大陆。然而，尽管将世界满满包围，我们的人口数量仍然很低，总数可能都不到 100 万。狩猎和采集不是那种需要扎堆的生活方式——而是恰恰相反。人类变聪明后，狩猎效率就会变高，导致猎物愈发稀少，在这些地区，小群的狩猎—采集比较大的群体表现要好得多。不用担心人类排泄物会污染水——任何一个地方都没有很多人，也没有任何规模的永久性定居点。但是，人类的数量最终超过了维持生存所需的大型动物的数量，约一万年前，人类发明了农业。

可是，随着农业的发展，人类生存和生活方式的规则发生了根本变化。现在，大量的人类可以通过这种可预测的食物来源来维持生存，而这是劳动密集型的，所以人类需要永久性的定居点来观察作物生长。随着人类的定居，当地捕食人类的动物势必会被消灭，对人类的捕食也随之减少。但与此同时，污水排放和卫生设施制造了新的危险。新的食物来源也导致了消化问题。随人群而来的是新的疾病和新的寄生虫。凡此种种都使人类的进化齿轮进入更高速的运转。但其中一些显然有表观遗传的副作用，只是现在才被发现，有些是毁灭性的。

当一个人遇到重大环境变化时，就会发生表观遗传变化。狩猎者的队伍比以前壮大了，而成为众多狩猎者中的一员，就是一种重大环境变化。来自新食物的新微生物寄生在我们的肠道中，使我们应接不暇；而早期城市拥挤不堪，产生的排泄物污染了食物和水，于是，表观遗传变化爆发了。

我们人类现在正受到五花八门的因素的影响，这些因素比人类历史上的任何时候都更能引发表观遗传变化。其中至关重要的是我们周围的化学物质、我们吃的食物（或在饥荒期间吃不上食物），以及我们毕生患有的来自微生物侵染乃至遗传的疾病。

在近二十年里，实质性研究的关注点着眼于当大脑接触不同的感官体验时显露的结构差异。这类研究必须在某种程度上落实到最重大的社会变化上，即农业出现前后人类社会的性质，并在这种变化的背景下来理解研究结果。如果农业是让城邦用食物和领地换取职业军队的建立和维持的关键，那么研究这些时代如何影响了我们的认知及更重要的行为，研究我们的大脑有多容易被改变，以及研究我们是如何能从狩猎采集的大冰期生活方式转变为农业生活方式的，从科学上而言确有必要。

大脑的易变性是显而易见的，因为我们可以证明外部条件能改变它的发育发展过程。这种现象被称为神经可塑性（neural plasticity），[17]当在某些关键时刻接触外部环境时，这一现象尤为强烈。这些敏感或关键的时期是环境影响起作用时的机会窗口（windows of opportunity）。

为了了解这种干预的重要性质，就有必要对神经系统是如何构建和运作的有一个基本的认知。一个婴儿出生时就配备了所有的神经元，这些神经元会一直存在于他／她的大脑皮层中。而由于这些细胞连接的方式，神经网络的形成有无限的可能性。由此而来的整体即是大脑，几乎包含无限的神经节连接，它们通过这个过程被创造，然后再创造。当然，尽管大脑的宏观特征是必不可少的，但神经网络的形成才是可塑性的所在。沉溺于玩电脑、短信、游戏和网聊，大脑的连线方式已与上几代人不同了。直到最近，社会反响也一直是焦虑不安，但经典达尔文主义的学者对此无动于衷，认为这些变化都无法遗传。而新拉马克主义却彻底改变了现状。我们的大脑正在真实地发生着物理变化，真正的表观后果等着我们。从某种意义上说，我们是留存至今的大冰期遗迹，才刚身陷于一个格格不入的计算机时代。

可能引起进化演变的后农业时代人类历史事件

只要在线搜索"人类文明史简史"，得到的结果多半是诸如文字发明前后的时间范畴，意指只有当人类有能力为子孙后代写下历史时，历史才算开始。这个转折点取整的话是距今 5500 年。

文字出现前的这段时间，通常被称为"人类史前时代"（human prehistory），其时间轴 [18] 被分为（按距今多少年计）旧石器时代中期（Middle Paleolithic）、旧石器时代晚期（Upper Paleolithic）、中石器时代（Mesolithic）、新石器时代（Neolithic）、青铜时代（Bronze Age），然后就是些"更年轻的时代"，历经千年至今。[19] 历史篇章中至少有几十万页献给了人类历史。大部分历史以时间间隔进行组织划分，但是，我们的历史也可以根据某些类别的事件来归类，而这些事件影响尤为重大，于是以书面记载或口耳相传的方式穿越时间流传下来。

这些事件中的一些与生命史上的事件类似，都引发了灭绝和进化的演变。人类战争、种族灭绝、饥荒和全球性疾病便是类似情况。也许每一种都导致了我们的进化演变，其深远影响不亚于 1 万年前农业的出现和人类涌入城市所带来的进化演变。然而也有所区别，与全球性的大灭绝不同，直到二十世纪才出现了"世界大战"，或同时影响全世界所有人的全球性饥荒或疾病。但可以肯定的是，整个受灾地区中已经有了在进化上受到影响的人群了。

对人类历史上重大事件加以选择当然是主观的。然而，有些事件在大多数总结中很常见。大部分涉及一些短期变化，这些变化反过来又改变了人类居住的环境，其中包括（不分先后）：

1. 食物发生变化或第一次出现（如某种开先河的新食物）。

2. 一位强大的、青史留名的新统治者的出现。

3. 新建筑：历史上重要的建筑物，如金字塔。

4. 战争：这也包括战争的开始或结束，因此有些战争有两个数据。

5. 疾病：重大瘟疫。

6. 饥荒：与历史有关的饥荒，如在黑死病期间。

7. 新地区：人类首次出现在一个新地区，或征服已有先民的地方。

8. 自然灾害：大地震、火山活动或洪水。

9. 宗教：可以是一个新宗教的出现，或征服一个新地区并强迫皈依一个宗教，从而发生重大转变，比如伊斯兰或基督教的诞生和宗教领地的扩张。

以上是过去几千年人类历史的汇总，是在万维网（World Wide Web）上众多可用资源中随意挑取的。这个特别的摘要主要是关于欧洲的。

这份清单的作者显然认为，新统治者的上位独占鳌头，紧随其后的分别是战争和宗教。其中一些事件，如大量人口皈依一种新宗教，也会引发一个民族对另一个民族争夺领土的侵略事件，而且不可避免地爆发战争。

每一类别的事件都会对大片人群的相对激素水平的总和产生重大

影响。一些有趣的问题出现了，如果我们能从中世纪坟墓中在欧洲黑死病爆发前后死去的（而不是死于这次鼠疫的）人身上提取足够多的骨骼样本，看看欧洲人是在鼠疫发生之前还是之后表现出更多表观遗传标记（即更多的甲基化位点），或是鼠疫实际上几乎没有影响，这将会十分有趣。

由此还产生了一个更有趣的问题：上述事件类别在人类乃至全球生物群中造成了多少可遗传的进化？当然，驯化在受影响的动植物中产生了大规模的进化演变。但是在近一千年里，人口的快速增长也给许多被认为是不受影响的生物带来了压力。人类在地球生物群中究竟引发了多少进化？

现代人类行为——表观遗传学在其形成中的作用仍未可知

让我们像个物理学家一样思考一会儿，然后进行爱因斯坦所说的"思想实验"①（thought experiment）。在思想实验中，我们回到 200 万年前，抓一男一女两个成年直立人；再到几千年前，抢两个古代英国人；最后回到现代，逮一对美国人。我们请一个严肃的大牌心理学家来分别教这六个人一些所谓五大人格特质（开放性、尽责性、外向性、亲和性和神经质）的量化分析。[20] 开放性包括想象力或求知欲；尽责性涉及细致小心和组织能力；外向性则与合群和寻求刺激的倾向有关；亲和性就像它听起来的那样具有亲和力，但也涉及一定程度的合作和同情心；而神经质是五个中的异类，有关消极情绪和抑郁（也称情绪不稳定性）。

---

①因在现实中无法做到所以用想象力去进行的实验。——译者注

　　然后我们再请来一个进化论者，问他：在这些人所生活的时代里，这些特征中的哪个对他们的自然选择最为有利？

　　标新立异之处在于，这是第一次为这些人格特质的遗传力程度进行量化分析的科学尝试。令人惊讶的是，只有开放性和神经质两种特质表现出相对较高的遗传力（heritability）。人们可能会奇怪，为什么进化中的人类不选择那些带来组织性、合作、同情心和合群的特质并提高到能力上限呢？毕竟，在这个由气温／海平面／冰量的更新世气候变化引起的气候错乱的世界里，所有这些对在这样的世界上努力生存的小群体来说似乎都是重要的。而最令人好奇的是，在一个危险的世界里似乎一无是处的神经质特征，为什么还那么容易被遗传下去？在人类生物学的绝大多数情况下，似乎没有单个基因或单一性状是单独起作用的。像人类行为这样复杂的东西肯定比仅用五种特质来描述更难进行划分，并且在这五种特质中，基因是一个主要的决定因素。但现实是，有一些更容易观察到的具负面影响的人类行为，如冒险（通常与酗酒和药物成瘾及犯罪相关），还有一个人对压力的敏感程度（通过压力分子和快乐分子的形成，以及这些分子从人体体液中被清除的迅速程度），这些毫无疑问是我们如何行动的主要决定因素。

　　仍然有人怀疑，人格的所有方面都由基因决定，是可遗传的并受到自然选择的影响。但是，正如其他许多关于人类生物学及其与遗传学（和表观遗传学）的关系的研究一样，对人类双胞胎的研究讲述了一个引人注目的故事。再正常不过的是，第一次真正研究五大人格特质的量化遗传力[21]的研究遗漏了一些讨论，那就是表观遗传学如何可能成为遗传力的一个附加成分。

　　当然也有人怀疑[22]基因决定人格的作用，甚至怀疑其存在。这始终是一个竞争白热化的研究领域，也是一个艰难的领域。而如果我们想了解复杂的人类行为，就不能用老鼠作为研究对象，这里就有个例子。

最常见的表观遗传变化类型是由甲基化导致的，这类表观遗传变化被认为是引起遗传上本应相同的双胞胎之间产生诸多差异的原因，而有时这些差异影响深远。最吸引人的结果之一来自扎卡里·卡明斯基（Zachary Kaminsky）及其同事的一篇论文。[23] 对人类同卵双胞胎的所有研究中，方法上最薄弱的一环总是样本数量太少。而在这些研究中，卡明斯基的某项研究对比了工作和职业生涯截然不同的一对中年双胞胎的性格，结果显示，表观遗传学可以带来明显的差异。

双胞胎其中之一是一名战地记者，这是压力最大的职业之一。一些人甚至认为战地记者的压力水平与士兵的不相上下，因为记者总是想要冲到前线去。双胞胎中的另一个则有着大相径庭的职业——在办公室里做文书工作的白领。身处战场的一个报道了非洲大陆两年来的暴力斗争和最骇人听闻的暴行。她结婚较晚，从未有过孩子，经常生活在众多充满挑战的环境中，还目睹了许多同事或士兵朋友的死亡。而双胞胎中的另一个很早就结婚了，有两个孩子，从不抽烟也不过度饮酒，过着平静的生活。战场上的双胞胎被甲基化的程度到了极限：吸烟、饮酒、经历多次命悬一线的情况，以及目睹了死亡更狰狞的一面。可矛盾的是，通过复杂的心理测试，却是她表现出了更不易对压力起反应，更少的抑郁倾向，以及不同的和更低的冒险性。她所经历的表观遗传变化似乎使她的生活方式更加称心——她以一种永久的、改变生活的方式适应了工作给她的压力。

研究人类行为太过困难，又容易侵犯到研究对象的权益。还会有隐私上的担忧，尤其是现在被曝光的那些事，比如社交媒体网站实际上是如何贩卖关于我们的数据，而这些数据可用来将我们"随便归类"，推送特定的产品、促销，甚至是政治候选人。随着越来越多的人拒绝自愿或非自愿地充当实验室小白鼠，表观遗传学在行为中的作用也许仍将成谜。

第十章　表观遗传学和暴力

　　行为的遗传力是否与人类最基本的两种情感——爱与恨——息息相关呢？如果相关的话，一次次战争莫非就是推动人类进化最强大的力量之一？历史上有过很多次战争，但没有一次（除了1967年左右的旧金山，那一次不是认真的）以和平和爱而闻名。

　　爱和恨可能是相似基因的不同表达，也可能是不同情况下需要不同数量蛋白质的结果。但可以肯定的是，量化一个人感受到的爱或恨的"总数"仍然是不可能的。然而，我们可以通过评估爱或恨显现出来的行为倾向来测量它们的程度。

　　我们可以问，在人类自己的社会中，对他人的暴力行为是否可以被证明是随着时间而改变的。第二个问题或许更为深刻，那就是暴力行为是否会遗传下去。仇恨往往会持续一生，而暴力或暴力倾向可以而且通常是由短期刺激产生的。辛苦的一天结束时，一个司机被堵在了路上。他对另一个司机按喇叭，那位就朝他竖起了中指。冲突升级，再以暴力告终。短期的暴力反应在人类中太常见了。它往往是由于缺乏克制力造成的；或是未经深思熟虑而做出的临时决定；或是爱冒险的人，行为乖张，阴晴不定。新研究表明，所有这些可能都与某些基因脱不了干系，而这些基因本身可以在一生中改变，然后通过可遗传的表观遗传传递下去。

简要的战争史

古往今来，军事学院要求他们的新兵战士学习战争史的勤勉程度，不亚于艺术学院的学生琢磨早期绘画大师的孜孜不倦。士兵和军官不仅需要知道时间、地点、状况（部队规模、武器种类等），还有最捉摸不定的——原因。有谁会想到人类历史上最具毁灭性的战争之一——第一次世界大战，会是因为奥匈帝国的贵族遇刺而被点燃战火呢？储备军官必须学会如何作战，而这或多或少可以通过研究历史来实现。来源多得很，但我的糅合了来自美国陆军战争学院（United States Army War College）[1]的总结，以及蒂姆·赫瑟林顿①（Tim Hetherington）和塞巴斯蒂安·荣格尔②（Sebastian Junger）的纪录片《雷斯特雷波》（*Restrepo*）中的洞见。[2]

好似永无休止的全球战争是否在遗传上改变了我们，和／或以产生可遗传表观遗传变化的方式改变了士兵的比例？美国陆军战争学院的资料显示，大规模的战争直到有了城市社会才出现。

在一千年之内，只装备了各色石器的人类，开始了更复杂的冶金术的进化。大约 5500 年前，一些新兴的农业社会簇集在地中海周围，并深入新月沃土及部分亚洲地区，他们已经开始使用青铜了。随着金属被加工成战车、头盔、胸甲和带金属尖端的武器，战争迅速变得更具战略性和致命性，特别是加上了骑兵的出现。但是，武器的出现是

---

①英国著名战地摄影师，曾获世界新闻摄影大赛年度照片奖，因本影片（某些地区译作《当代启示录》以致敬另一著名战争电影《现代启示录》）获奥斯卡奖多项提名，死于利比亚战场。——译者注
②美国著名新闻记者、作家，著有多部战争题材纪实作品，曾与赫瑟林顿搭档前往阿富汗进行战地采访。——译者注

否增加了战争的流行？或者战争是否导致了人类基因库的一个富有意义的改变，不仅是基因整体的改变，还有与战败、恐惧、愤怒和胜利相关的关键基因百分比的改变？是人类进化了战争，还是战争帮助人类进化？

当然，从小牧区到城市中心的迁移为人类进化提供了动力。新的研究表明，农业的兴起和新型食物的引入以一种全新的方式引起了人口拥挤，由此导致新的疾病和新的寄生虫传播到了以前从未遭受过两者的人群中。

最早的两个农业国家是埃及和苏美尔。在这两个地方，首先爆发了农业革命，新的社会随之而来，这些社会服从于新式的自上而下的政府统治。接着出现了管理，游牧社会的战士阶层变成了管理良好的社会的士兵阶层。士兵们不必种地来维持生计——他们有谋生之道。

这事发生在 6000 年至 4000 年前，人类历史见证了一些最重大的社会变化，有趣的问题是：这一次也是人类最重大的遗传变化之一吗？

有一个得自生物学的有力观点，那就是进化推动着捕食者和猎物之间的"战争"。从约 5.4 亿年前的寒武纪生命大爆发开始，依靠视觉的捕食者及其用视觉发现的猎物推动了快速进化。而这一情况还在各种进化中继续快速升级：攻击性武器的进化（收集并吃掉活的或死的猎物），防御的适应性进化（察觉捕食者，然后通过移动或原地防御来摆脱它们），包括使用盔甲或防御性武器（具备诸如主动向捕食者喷洒有毒化学物质等防御能力）。捕食者有加强捕食猎物能力的行为，而猎物也有改变行为以提高存活率的能力，如果认为这两者还进化得不一样快，就太无知了。

每隔一段时间，一些新的适应性会带来巨大的变化，有一方会获得某种优势，比如捕食者会发展出敲开有壳软体动物的能力。当新的鱼类、节肢动物，甚至是螺类找到了如何敲碎这些装甲或在其上钻洞的方法时，世界一度天翻地覆，直到这些失去防御能力的生物产生了新的防御，或移居别处，或走向灭绝。

加州大学戴维斯分校（University of California at Davis）的加里·费尔梅伊（Gary Vermeij）是把捕食史等同于人类战争史的主要倡导者，他把侏罗纪和白垩纪时期称为"中生代海洋革命"（Mesozoic marine revolution）。[3] 战车、可重复使用的步枪、有作战能力的飞机和原子武器的进化都产生了类似的优势，虽然只是短暂的。这一适应性也从根本上改变了它们所属的武装部队的整个"DNA"。靠步行相互攻击的步兵军队变成了拥有大量骑兵和战车的军队。步枪手、空军和洲际弹道导弹的军队也需要人手来制造武器、守卫和射击。相对于整个军队，小型新型武器从根本上改变了军队的整个复杂结构。

至于战争（战斗的影响、悲伤家庭的影响、大规模死亡的总体影响，以及战争必需武器补给）引起的基因库的表观遗传变化，最根本的变化应该是在 6000 年到 4000 年前。在不到 2000 年的时间里，人类从较少发生战争变成了好战分子，不仅作战人员规模接近现代军队规模，而且维持战争所需（武器采购、其他供给、军饷）的管理团队的规模也达到了同样的水平。正是在苏美尔和埃及，世界见证了第一支军队的出现。军队从来就不是为了列队行进而建立的；随着军队的出现，人类开始了战争的爱恨情仇。

基因和暴力

有着有史以来最复杂的生物器官——人类大脑——的生物，却还是要依赖于随时间流传下来甚至已近5亿年的一系列有机分子，来产生一些最"人类"的情感：爱、恐惧、愤怒、谦逊、慷慨等，不一而足——这仍是一个进化迷思。而可能对人类历史有较深远影响的这么一种化学物质，就是产生压力的化学战剂。

压力、恐惧、愤怒、惊慌和逃跑的冲动全部都来自于激素的混合物，其中包括皮质醇和同样强大的肾上腺素分子。清除同暴力关系最密切的化学物质的相关受体是糖皮质激素受体。[4]一个人的命运或行为可能与其在指定时间有多少糖皮质激素受体有关。糖皮质激素受体是我们应激反应系统的基本构件之一。它是一种蛋白质，能帮助我们控制导致压力的激素：我们拥有的这种受体越多，我们就能越好地应对紧张的境况，因为尽管暴力相关化学物质仍会在发生战或逃反应的情况下产生，但它们从细胞和身体中被清除得越快，摩擦升级为暴力的可能性就越小。

在细胞内部，最最强烈的信号化学物质之一是神秘化合物硫化氢，即使浓度很低的情况下，它也是一种强效毒素。硫化氢已被证明是最早的细胞间信号分子之一。我们稍后会看到，细胞本身会产生这种化合物，而在自然界中也会遇到。根据浓度不同，它既可以促进快速增长也会带来可怕的死亡。无论如何，硫化氢是表观遗传变化的强力促进剂。它减少了氧气的吸收，由此从根本上关停了维持每一个细胞存活的新陈代谢。过度暴露于硫化氢之下的哺乳动物就会变得像爬行动物一样，不再是温血动物了。而经受这样的剂量后，它们的细胞中就会有许多与众不同的东西，包括新的甲基化区域。

在这一点上，我们可以推出一个合理的假设：引起暴力死亡或逃离暴力死亡，抑或单单是遭受了剧烈的暴力，就会像是往体内塞了一整个药品柜的蛋白质，改变了几乎每个细胞的化学状态。这就产生了表观遗传变化，根据个体的不同，这种变化可以新创造一种可传递给后代的可遗传状态。战或逃反应导致的表观遗传变化可能会使后代更容易引发暴力。遗传学家正在努力寻找"暴力"或"战士"基因（如果它们不是相同基因的话），就像他们寻找"仇恨"基因一样。至少对战争中的人类来说，似乎确有一种所谓的"战士基因"（MAOA 基因[①]），根据一项对芬兰的暴力罪犯进行的研究，许多人都有这种基因。[5] 它出现在其余人群中的频率仍然未知，而它的存在也并不预示着暴力。没有比这更简单的人类行为了。但对这种基因的研究还在深入。

该基因令 MAOA 蛋白产生。[6] 这种蛋白质存在于细胞内，分解多巴胺和其他化学物质。我们的行为和健康状态都源自我们细胞内的化学物质。多巴胺是一种保护我们免受抑郁的神经递质，所以激活 MAOA 基因会抑制多巴胺，就可能会激发攻击性。

2011 年[②] 有一项著名的研究，它研究了一个暴力的荷兰家庭，该家庭具有一个 MAOA 基因突变。[7] 研究帮助建立了童年虐待和之后暴力行为之间的联系。证据表明，这个基因在遭遇暴力前一直是沉默的，然后一个表观遗传变化打开了这个基因，但这个基因还有一个只产生极少量 MAOA 蛋白的变体。

在芬兰，绝大多数的暴力犯罪都是由一小部分人造成的。芬兰人口中有很大比例具有 MAOA 基因（根据人种不同，约有 40% 到 50%）。[8] 但只有少数人的这个基因是打开的。所以，问题来了：如果有"战士

---

① 即单胺氧化酶 A（Monoamine oxidase A）。——译者注
② 这项研究实际发表于 1993 年，此处作者可能有笔误。——译者注

基因"，为什么在大多数人身上它不能产生化学物质 MAOA？

而在一些人身上，这种基因就是被打开了。也许，矛盾的是，第一次暴力行为——不管是作为受害者还是加害者——会产生能开关基因的表观遗传过程。这个基因的切实存在昭示着，我们要么是从我们的灵长类祖先那里继承了这个基因，要么是进化或表观遗传塑造了它。在我们上新世和更新世的祖先生活的非洲草原上，一群动物想要在其他竞争种群间生存，暴力反应的能力可能是必要的，因为食物来源有限，而且为了食物和雌性的真实攻击必不可少。

老鼠的压力和下一代

更好地理解童年经历和成年行为之间的联系是行为科学的一个主要目标。由于我们的童年相对较长，以及许多伦理方面的原因，旨在理解这种联系的实验性研究真把人类当作"实验鼠"的情况仍很少见。不过，一些使用老鼠的研究也能作为清晰易懂的类比，为母性教养对包括人类在内的哺乳动物所起的深远作用提供了有力的见解。[9]这一研究和其他类似研究强调了周围环境（包括父母对孩子的关怀程度和积极的亲情）在每个人的童年时期所起的关键作用。而这还不仅仅是在出生后。

在所有哺乳动物中，糖皮质激素受体可令压力分子失活。这样的受体越多，压力分子失去作用的速度就越快，因此压力带给我们的感觉——恐惧、忧虑、实际身体失能、内脏疼痛等林林总总所有症状——就能越快地得到缓解。不过，这一重要受体的数量是可变的，它在出生前就能被改变，这取决于其母亲在怀孕期间所经历的环境。研究[10]表明，孕期没有暴力、营养良好、毫无压力，而且也没接触过酒精和毒品，这样环境下的孕妇的胎儿，其所经历的 *MAOA* 基因的表观遗传变化比那些遭受强烈暴力、毒素和其他压力源的孕妇的胎儿要少。经历持续过久的压力就好比打开了"战士基因"，而压力分子一直在那里，除非糖皮质激素受体被调动起来使它们失去活性。

所有哺乳动物都有几乎相同的糖皮质激素受体，就像我们都有同样种类的压力分子，包括至关重要的皮质醇。因此，在这种情况下，使用老鼠作为人类的模型似乎是符合逻辑的。在实验鼠中，父母教养不善与表观基因组变化之间的明显联系导致了幼鼠糖皮质激素受体减少，不仅在幼鼠幼年时期如此，在之后也是如此。[11] 到目前为止，这势必是对人类而言最重要的认识之一了。

这对人类的启示是明白无误的，而且凭直觉判断，我们都知道这是真的：童年时期的虐待降低了一种主要的应激反应基因的有效性，使受虐者在以后的生活中更容易受到压力的影响，并可能产生自杀或杀人的冲动。但也有证据表明，虐待幼鼠，除了让它们这一生注定短暂而紧张之外，还会引发 MAOA 蛋白的产生。[12]

表观遗传学研究揭示了，那些有过童年创伤的人的细胞中所留下的化学印记可能会决定大量行为的形成，从抑郁症和其他精神疾病到攻击性，甚至可能是犯罪。此外，看起来 *MAOA* 基因变异对遭受虐待的男性的攻击性有着强烈影响。关键问题是它的影响是否是可遗传的和独立的。几乎所有的基因都是"多效性的"（pleiotropic）——行为受到不止一个基因的影响，而基因编码产生的生物学效应通常也不止一个。科学研究已经表明，啮齿动物的恐惧是会遗传的，回想一下本书前文讨论的一个里程碑式的研究，即如何培养老鼠的恐惧（在这个例子中，是让老鼠对一种特定气味产生恐惧）并将这种恐惧传给后代。

人类有相似的基因，所以，恐惧，而且在某些情况下是非常特殊的那种，对我们而言怎么可能不是可遗传的呢？

发现 *MAOA* 受害儿童时该怎么办？

虐待儿童是一个严重的国家甚至全球问题，跨越了经济、种族和文化的界限。每一年，美国有超过 125 万儿童受到虐待或忽视，而在全世界，这个人数则扩充到至少 4000 万。[13] 儿童时期的粗暴对待和极端压力除了会损害儿童当时的健康外，还能损害早期大脑发育和代谢及免疫系统功能，导致慢性健康问题。因此，受虐儿童罹患各种各样疾病的风险大大增加，包括肥胖、心脏病和癌症在内的身体疾病，以及诸如抑郁症、自杀、吸毒和酗酒、高危行为和暴力等精神疾病。

如果在之后的生活中经历了其他类型的创伤后，他们也更容易患上创伤后应激障碍——一种严重的、使人萎靡的与压力相关的精神障碍。但现在我们知道，施加于他们的暴力会造成可遗传的表观遗传变化，而这些变化可能会以孩子基因上的表观遗传标记的形式传递下去。

经多名同行评审的科学研究支持了这一点。[14] 这项研究表明，童年受到虐待的 PTSD 患者的 DNA 甲基化和基因表达的模式与那些未受虐待的患者不同，这表明（当然不是证明）了因果关系。此外，研究人员发现，在童年被虐待经历的 PTSD 患者中，基因表达变化相关的表观遗传标记高达十二倍之多。这表明，尽管所有的 PTSD 患者都可能表现出相似症状，但与那些没有遭受童年虐待的儿童相比，那些罹患 PTSD 的受虐儿童可能会经受一种在系统性上和生物学上形式不同的障碍。

在人体研究中，尸检已经证明受虐儿童会改变大脑的表观遗传特征。[15] 来自伴侣的暴力导致的产前压力促进了上述皮质醇受体 DNA 的表观遗传变化。这些变化多年后仍能在孩子的血液中找到。

行为和遗传学的三大定律：埃里克·塔克海默

心理学家埃里克·塔克海默（Eric Turkheimer）写了《行为遗传学的三大定律及其意义》（*Three Laws of Behavior Genetics and What They Mean*）一书。[16] 书中铿锵有力的陈述实际上都是可以验证的假设：

第一定律：所有的人类行为的性状都是可遗传的。

第二定律：在同一个家庭长大的影响比基因的影响小。

第三定律：在复杂的人类行为的性状中，很大一部分变异并不是由基因或家族的影响造成的。

要点是，我们的行为某种程度上是由我们的基因组决定的，或者也许同样重要的是，由我们的表观基因组决定的。陈旧的"先天—后天"争论已不再是用来认定哪个对我们有更大影响的正确方式了，我们的行为，我们的基因，还是我们的环境。事实上，两者不分伯仲，不过是以一种无法预见的方式。

拉马克主义就涉足其间。我们能拥有与冷血凶手相同的基因，可在我们的生活中却从未有过哪怕是一丁点的暴力犯罪。反之亦然。但与重大暴力行为相关的基因就如同炸药：导火索就在那里，总在那里，随时待命。点燃它的是发生在我们生活中的一个事件——创伤。此后，许多经历巨大创伤的人都得了一种病症，这种病症迟迟才被世界各地的不同军队接受，它曾被称为"炮弹休克"。战争期间，不再适合作战的士兵通常被贴上"诈病者"的标签。但现在我们知道，一生的经历确实可以点燃导火索，就像所有的爆炸一样，一旦炸开，时光不能倒流，破碎心灵也难重圆。PTSD会导致闪回和失忆（或太多记忆侵入）。但人们越来越多地认识到，表观遗传机制也与此相关：受创伤者的表观基因组正在发生变化，并增加了新的甲基化位点或组蛋白改变，或是在个体的一生中形成了另一种可能尚待发现的表观基因组个体发生机制。

比较过去和现在的暴力

我们现在对那些经历或目睹暴力的人的遭遇了解颇多了。由于人类历史就是一场接一场的战争，可以顺理成章地得出这样的结论：PTSD长期以来一直是许多人体内的印记。而经过了几个世纪，我们对暴力的嗜好难道还没有减少吗？既有支持这一积极主动、充满希望的想法的论点，也有反对者。

最近一项对中世纪至今人类历史上的凶杀率的大型调查[17]得出的结论是，事实上，是"我们善良的天使"（假定是我们意识中促使作出道德决定的那部分，包括是否会因感到受辱而痛打另一个人）令我们更不容易有暴力倾向。

有多少人经历过人类历史上的暴力时代？这么一个问题极难量化。一系列颇为有趣的研究调查了英国伦敦这些人口最密集的城市里的暴力水平随时间的变化，研究指出，从中世纪至今，伦敦发生个人攻击的程度或人均次数急剧下降。而最令人惊讶的一点是，若以个人人身攻击的次数来衡量，暴力事件并不局限于中世纪英国的城市，发生在乡村的比例反而更高。

　　要比较五百年前至今的相对暴力数据，有一个方法是将凶杀案的次数作为一个人均数使用，比如1500年至1600年的伦敦居民中，每10万人中有多少人死于暴力且可怕的犯罪？尽管有很多种暴力行为，但凶杀案比其他袭击事件有更为准确的报告。荷兰学者彼得·史毕伦伯格（Pieter Spierenburg）[18]提供的新数据显示，例如，阿姆斯特丹的凶杀率从十五世纪中叶的每10万人中有47人被杀，下降到十九世纪初的每10万人中有1至1.5人被杀。英国的H·斯通（H. Stone）教授也进行过类似的研究，得出的结论是，中世纪英格兰的凶杀率平均是二十世纪英格兰的10倍。对十四世纪四十年代牛津的大学城的一项研究显示，每年的凶杀率异常高，每10万人中就约有110人被杀。对十四世纪上半叶的伦敦的研究确定，每年每10万人中有36至52人被谋杀。与之相反，1993年纽约市的凶杀率为25.9人每10万人，[19]而1992年美国全国的凶杀率是9.3人每10万人。

　　当这些数据首次公布时，高失业率曾被归咎于过度拥挤的城市的形成。可令人惊讶的是，并不一定是贫穷和拥挤带来的压力才会使攻击变成凶杀（通常由男性实施）。在中世纪的英格兰，大多数谋杀都是始于农民在田间的争吵。刀和铁头长棍（一种通常在放牧动物和泥路上行走时用的沉重木棍）是首选的武器。据记载，当时每个人都随身带着刀，甚至女人也不例外。鉴于当时缺乏卫生条件，即使是简单的刀伤感染也可能致命。

　　为什么十六七世纪欧洲的凶杀率开始下降？这是一个有争议的问题。最广泛被接受的解释源于社会学家诺伯特·伊莱亚斯（Norbert Elias）的著作，他在二十世纪三十年代末引入了"文明的进程"的观点，在这个进程中，贵族从骑士转变为朝臣，带来了一套新的礼仪，并引发了现代国家对民众统治权的扩张。[20] 但另一种可能性是存在的：发生了大规模的遗传变化。

欧洲的凶杀率在十六世纪开始骤然减少，并在随后的几个世纪中继续下降。[21] 在这段时间里，出现了两种历史趋势。首先，由于运输效率的提高，食物从田地到市场的速度更快，而且食物腐败也少多了，所以人们的食物更为充足了。而出现另一种趋势则截然不同。直到十六和十七世纪，鼠疫的反复来袭才最终减少。中世纪欧洲司空见惯的因鼠疫导致的大规模死亡终于消退了。我们当然可以假设，目睹他人横死会使体内充满应激激素，或许达到了其他任何行为都无法复制的水平。

中世纪的谋杀行为是血腥恐怖的。而在电视时代长大的我们，耳濡目染的是二十世纪五十年代至今的西部剧、黑帮剧和侦探剧里被一颗子弹射中后“干净利落”地死去的场景。最令人困扰的现实之一是，与电视情节不同，横死往往发生在大量的血液通过伤口流出身体的时候。现实生活中，大多数枪伤并不会立即致命，而“失血过多”才是致命的原因。

与中世纪的凶器相比，我们的手枪和步枪是一种非常高效的杀人工具，而目睹某人因为子弹正中胸口抑或是射穿上臂或大腿的大动脉而流血不止，远不如旁观有人被乱棍打死或参与其中产生的焦虑更多。在这种情况下，攻击者最终会被受害者黏糊糊的大脑、脂肪和血液溅满一身。如果行凶者不是职业军人，并且拿的是把钝刀，那么第一次目睹谋杀就会造成巨大的创伤。

在中世纪，武器是粗制的，这使得杀戮相当困难，大多数暴力攻击可能是以重伤收场。而另一方面，即使是用击棍之类的东西重伤了他人，或是在田间——这被认为是不少谋杀案的发生地——用钐镰、镰刀、粗耙、锤子之类的伤人，攻击本身不仅对受害者造成了创伤，对行凶者也是一样。最合理的猜测是，大多数这种血腥而冗长的谋杀都是由多处伤口、开膛破肚以及几次才被砍断的肢体收场的。人们在被谋杀时倾向于保护自己，尤其是在酒馆或田间的死亡通常是在面对面争论之后发生的，所以凶手也经常受伤流血。这种程度的极端暴力导致许多不同种类的化学物质释放到你的淋巴、血液、器官和细胞中。最残暴的谋杀似乎是表观遗传变化的黄金时间。

遗传学家现在已经证实[22]了一个可能的暴力来源：细胞中受体的数量，这些细胞被配置成接收模式，并由此在强烈的恐惧或其他紧张情绪（如憎恨）的情况下，释放强效的应激化学物质，大量送入细胞。受体的工作是清除特定种类的自由漂浮但复杂的有机分子——它们属于多种应激激素。这些化学物质很少产生，但一旦产生，它们就会大量涌入所有身体细胞。这发生在人们承受巨大压力和害怕失去生命的时候。

二十世纪暴力的崛起

一项来自联邦调查局（FBI）的犯罪统计研究也表明，美国二十世纪和二十一世纪的暴力犯罪有所下降。[23]不过这是相对暴力犯罪率的下降，暴力行为仍有周期性的高峰。而绝对犯罪率增加了，因为美国人口在近一百年间一直稳步增长。尽管每10万个美国人中的暴力犯罪的数量有所下降，但由于美国人口的迅速增长，暴力犯罪事件的实际数量却增加了。另一件开始显山露水的事情是，各种媒体变得越来越善于传播暴力行为。随时间推移，二十世纪被杀害的人越来越少，但我们中越来越多的人能得到并继续体验先进的高清影像中的恐怖。为什么会这样？

　　毫无疑问，二十世纪是人类历史上伤亡人数最多的时期。世界人口增加了，但即便如此，在一战和二战中的被杀者占总人口的比例比以往任何时候都高。这些战争让那些杀敌的士兵付出了什么代价？还有一个从未被问及的问题：这些战争给那些留守的亲友带来了什么样的（表观遗传的）代价？

　　有趣的是，看看统计数据里，与德国和日本士兵相比，有多少美国士兵能够在敌人出现在枪下的时候扣动扳机。这是一个鲜为人知的事实，有相当比例的美国士兵无法杀人，哪怕冒着自己被杀死的危险。[24] 但德国和日本士兵就没有这个情况。从表观遗传学的角度来看，难道是数百万德国人在大萧条巅峰时期的童年中，在子宫里就要艰难度日吗？人类正常的反谋杀倾向被表观遗传编程出的杀手刻意阻挠，*MAOA* 基因对这些人有影响吗？一战后的德国，饥饿、失业和街头暴力处处发生，使纳粹党得以崛起，而美国的大萧条尽管惨重，与之相比，可谓小巫见大巫。

　　然而，在被称为"最伟大的一代"的二战战士的后代（婴儿潮的一代）身上发生了一件奇怪的事情。这些战士们在欧洲作战，在美国奢侈品匮乏、压力巨大和食物糟糕的世道里制造了战争机器。二十世纪六十年代初，美国和欧洲的谋杀率急剧上升，原因之一是二战士兵和他们的爱人生下的孩子。婴儿潮的一代成了高效杀手，那代美国人在越南有一场血腥的战争，同时也在美国的大街上发动了一场战争。美国内陆城市在熊熊燃烧；亚洲的稻田也遭到了轰炸和焚烧。"我们善良的天使"给婴儿潮一代的孩子带来了更多和平吗？几乎没有。

当我们把美国的谋杀率计算成某一年美国还活着的现有谋杀犯的人数时，我们就会看到真实的死亡人数统计。下面的图表是作者根据FBI官方统计数据计算出来的。

二十世纪八十年代是六十年代之后的一代人，霹雳可卡因、帮派和其他许多谋杀催化剂提高了死亡人数。然后在九十年代和进入二十一世纪的第一个十年，美国的可统计的谋杀案又有了一个显著下降。但从2014年左右开始，这一趋势正在反转，因为谋杀的实际数量再次大幅上升，尽管还有人声称情况恰恰相反。二十一世纪的第二个十年里，这一上升趋势被执法部门和政界人士轻描淡写成一个统计异常，正如否认气候变化者将连年成为"有记录以来最热一年"的现象归因于统计异常一样。暴力和死亡人数远不止这些。更好的衡量标准

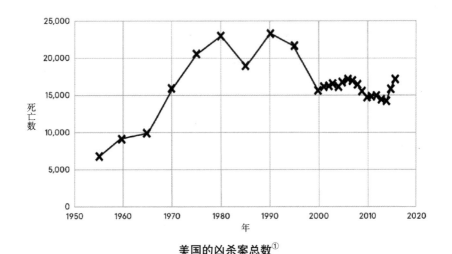

美国的凶杀案总数[①]

二十世纪和二十一世纪的美国的绝对凶杀率有所增加，尽管相对凶杀率下降了。

①"美国的犯罪"（Crime in the U.S.），联邦调查局，https://ucr.fbi.gov/crime-in-the-u.s。

可能不是原因，而是结果：人类皮质醇水平上升可能意味着更大压力，从而导致更多的犯罪。

2017 年：皮质醇分子之年

中国的占星术不仅仅按照生日来划分，我们出生的年份也极为重要。有十二种不同的动物代表不同年份，而 2017 年应该有自己的新标志：皮质醇分子及其代表的血腥灾祸之年。2016 年的数据阐明了大规模枪击事件的显著增加（见结语），这是社会暴力最活生生的例子。2016 年的恐怖事件是奥兰多夜店枪击案，随后是 2017 年的拉斯维加斯枪击案，11 月又发生了可怕的德州教堂枪击案，然后进入了 2018 年初持续的恐怖事件。而我发现的这些数字如果是真实的，那么我可以预测，谋杀和暴力将继续上升，并在 2020 年达到顶峰，然后缓慢下降。我们取得了过去几代人在表观遗传学上产生的暴力。更多的恐怖事件即将来临。更有甚者，如果我们在每个柜子里放一把 AR-15，在每个老师的衣服里暗藏一把武器，会出什么乱子呢？

从 2020 年开始，如果能以史为鉴，美国的谋杀案应该会下降，然后在一代人之后再次上升。

第十一章　饥荒和食物能改变我们的 DNA 吗？

每一次讨论到表观遗传学，尤其是可遗传表观遗传学或新拉马克主义时，都无一例外地会提到荷兰的饥饿寒冬（Dutch Hunger Winter）。[1]它也许为可遗传表观遗传学提供了最令人震惊和不安的案例。

有充分资料表明，1944 年秋天，为数众多的德国政治家和地方军队实行了一场蓄谋已久的使荷兰数百万人挨饿的计划，随后，二十世纪最残酷的寒冬降临了。

1944 年 9 月 5 日，在后来被称为"疯狂星期二"（Mad Tuesday）的日子里，荷兰民众举行了庆祝活动，他们相信，盟军在 1944 年 6 月 6 日于诺曼底登陆之后，穿过法国快速东进，解放指日可待。尽管同年 9 月的"市场花园行动"（Operation Market Garden）解放了荷兰南部的部分地区，包括奈梅亨（Nijmegen）和埃因霍温（Eindhoven）等城市，但荷兰北部的大部分地区仍处于控制之下。

1944 年 9 月，荷兰流亡政府下令全国铁路罢工，但这却激怒了德国人，反而弄巧成拙，使德国人对 450 多万被占领人民的食物和药品加以限制。超过 2 万名荷兰公民饿死。这一事件——以及在被占领的荷兰警方的支持下，大批犹太人被驱逐出荷兰——导致荷兰成为二战期间非轴心国中公民死亡比例最高的国家。

德国人下令对进口到荷兰的食物和荷兰到德国的食品出口严加控制。运河通常在冬天是畅通的,但这年寒冬冻结了运河,因此切断了正常的驳船交通,而大部分食物要靠这些驳船从农场运往荷兰的集市。

在那个可怕的冬天,食物匮乏(人类在寒冷中需要更多食物)使得许多人挨饿,包括在荷兰和其他纳粹占领的欧洲地区,以及1945年的上半年日本占领的亚洲和太平洋地区。以荷兰为例,面包是一种绝对必需的主食,而到1945年冬末春初之际,面包配给已从每个荷兰公民每周约两千克直降至四百克。

因为荷兰的饥饿寒冬发生在一个高度发达的国家,有一流的医疗护理和科学家来追踪它对民众的影响,不仅包括在饥荒期间,还有之后的几代人。从这次事件中,我们对大饥荒加诸广大尤其是城市人口的影响的了解,比以往任何一次都要多。

最初得出的科学结论是,大规模饥荒只影响了那些经历过的人,以及那些在饥荒期间怀孕的妇女所生的孩子。这一可怕事件的代表人物是女演员奥黛丽·赫本(Audrey Hepburn),她在饥荒期间的荷兰度过了童年,之后一生为体重过轻、贫血和慢性呼吸道疾病所累。而大多数因饥荒而流离失所的人的生活可比电影明星要艰难得多。一项关于荷兰的饥饿寒冬的研究[2]有惊人的发现:饥荒结束后怀孕的妇女所生的孩子也表现出了一些状况,而这些状况被理解为[3]他们母亲身上拉马克式的改变所造成的影响。

经历过饥荒的父母的孩子更容易患上糖尿病、进食障碍(厌食症或肥胖症①)导致体重异常,以及各种心血管疾病,这些疾病缩短了第

---

①一般认为,进食障碍可能会造成肥胖症,但肥胖症不是进食障碍的一种。——译者注

一代孩子的寿命。然而，让科学家们感到惊讶的是，在这些孩子的孩子们[4]身上意外出现了更高比例的类似疾病，这在许多方面仍是表观遗传变化亦有阴暗面的最突出证明之一。也许最令人担忧的是，在饥荒期间或之后不久出生的第一代儿童中，患有精神分裂症和其他精神障碍的人数多到异常。[5]

个中原因并不是 DNA 甲基化，而是饥饿对我们体内更小的遗传片段——RNA 分子的影响。对饥饿的线虫进行的实验室检验表明，它们的后代天生就带有"饥饿应答的小 RNA"。[6] 小 RNA 是一种调节基因表达的 RNA 分子。这些分子被发现与营养有关；其存在时，能抑制后代完全吸收食物的营养。令人难以置信的是，这些饥饿应答的小RNA 至少在线虫中遗传了三代。

通过研究受荷兰饥饿寒冬影响的儿童（而不仅仅是实验室动物），得出的一个结论是，媒体都倾向于"责怪母亲"。最初的研究表明，只有饥荒时期的孕妇受到影响，而挨饿的父亲并不会带来有害的健康缺陷。毕竟，人们一直认为，由于达尔文主义的原则，任何影响父亲健康的事物都无法通过他的精子遗传给他的后代，而且在父亲的一生中积累的表观遗传标记也将在胎儿身上被遗传的方式"擦除"。最近，杜克大学（Duke University）遗传学家雅德蕾德·苏布理（Adelheid Soubry）及其同事的研究推翻了这一观点。他们发现[7]，在配偶怀孕前就已经肥胖的父亲，与孩子体内负责编码正常生长所需激素生长因子的那部分 DNA 的甲基化有关。因此，男性也可能促成随时间推移发生的表观遗传变化。

在动物实验中，挨饿并不是人们观察到的唯一可以传下去的环境响应。来自斯堪的纳维亚的一项研究[8]表明，有些父母一点也没有临时扩充他们孩子的饮食清单，没有加入更多食物或大量高营养食物，如肉类、奶制品和奶酪等，比起这些孩子，在"丰收年"长大的孩子生下的后代更容易罹患肥胖症并且寿命更短。对瑞典历史记录的研究发现，童年经历过饥荒的男性，其孙辈患心脏病或糖尿病的可能性比那些营养充足的男性要低。在瑞典的上卡利克斯（Överkalix）1905 年出生的男孩中，有一些人的祖父在刚到青春期（此时精细胞正在成熟）时经历了一个"丰收"季。① 这些孩子的寿命比祖父在同样的青春期初期经历了饥荒季的孩子平均要短六年，9 而且还常死于糖尿病。在统计模型中纳入社会经济因素作对照后，寿命的差异更是变成了三十二岁——而这一切仅仅取决于男孩的祖父在青春期之前是经历了食不果腹的时期还是暴饮暴食的时期。

暴饮暴食还是食不果腹：微生物组和表观基因组学

　　二十一世纪最伟大的发现之一是，所有的动物都有一系列各种各样、数量众多、极其复杂的不同微生物群落。像所有的细菌一样，我们的肠道"菌群"也会产生化学物质。这些微小的化学工厂被液体包围着，它们清除化学物质然后放回这些液体中去。据估计，在一个人的消化道中可能有多达四磅的微生物，所有这些数十亿的微生物都在制造化学物质并释放出去。直到 2015 年起，才有严肃的文章开始认真思考这些化学物质一旦渗入人体细胞后的情况。化学物质可以导致表观遗传变化，而我们现在正在研究这可能会牵涉多大的变化。

　　我们已经知道，施加于基因活动的表观遗传效应是为了响应一些

---

① 上卡利克斯是瑞典一个边远地区，那里的气候导致连续的歉年中偶尔穿插着丰年，所以在食物供给上有着强烈变化。——译者注

非遗传因素，如体重、运动量、饮食类型和分量以及环境毒物。[10]然而，令人兴奋但也令人不安的发现是，这些因素中的每一个都可以影响肠道生物群系或被其影响。数十亿小微生物可以通过表观遗传机制开启和关闭基因。我们整体健康的许多方面都受到肠道生物群系性质的影响，而这接着又会影响我们的精神健康。当然，这两者都会影响我们遗传下去的基因。

微生物组（Microbiome）是一个总称，用于描述来自定植生物的基因，定植生物包括真菌、病毒和细菌。在我们的口腔、食道、胃，以及沿着长度不定的旋绕的小肠向下直到大肠，处处都有独立的生态系统。这就好比乘船旅行，从安第斯山脉的最高处开始，在林木线之上，然后一路向东，穿过各种干燥的山地森林、雨林、稀树草原、丛林、种植园、砍伐过后新长满杂草的红土，一直到达大西洋。微生物组在任何人类（或任何动物，因为我们至少同脊椎动物共有微生物组）的生命中都起着重要作用。突然接触毒素能够引起表观遗传变化，但如果这些毒素是来自于我们的肠道呢？我们肠道里数以万亿计的细胞释放出类似于环境变化的化学物质。在这种情况下，[11]我们的肠道（或它们的微生物）可能是新拉马克主义变化中最重要却又最不为人知的原动力。

在我看来，对这个新发现的、所有动物消化道内的"攘攘国度"的最佳描述来自戴维·蒙哥马利（David Montgomery）和安妮·比克尔（Anne Biklé）于2015年出版的《半遮面的大自然》（*The Hidden Half of Nature*）一书。[12]他们直白地描述了微生物组对进化和人类生态的重要性和意义。人类体内估计生活着100万亿个细胞，而每一个物种本身就是人类同微生物间数百万年协同进化的产物，因此，我们的日常生活和人类进化都倚重于这个"攘攘国度",就不足为奇了。当我们担心或有压力时,连带着五脏六腑都会疼痛,这是有原因的。但我们的压力水平对我们健康的影响如此之大,也是有原因的。

微生物,以及各种较小的有机分子或土著微生物群,本质上是复杂的化学物质,它们会与组织细胞环境相互作用,以调节信号通路和调控基因表达。

我们消化道中各种各样的微生物可被认为具有非常有用的共生关系(每一个相关物种都互惠互利的关系)。在这种情况下,微生物使消化成为可能,并提供了各种营养的来源:我们把它们作为食物!在大多数哺乳动物中,肠道微生物产生大量的低分子量生物活性物质,如叶酸、丁酸盐、生物素和醋酸盐,这些物质对消化很重要。但这四种化学物质也可以通过开启或关闭特定基因来引起表观遗传变化。

大多数孕妇被建议服用叶酸补充剂,但不仅仅是发育中的胎儿需要叶酸。这是一种对维持生命极其重要的维生素。DNA 复制、修复和甲基化的效率受到叶酸利用率的影响。白细胞、红细胞和其他类型的血细胞需要不断地重新生成,而这也需要大量的叶酸。

丁酸盐则不太为人所知,但它有类似的重大作用。当我们进食时,我们不断地将非生物化合物引入我们的体内,其中一些是致癌的,而丁酸盐可以降低癌症风险。

硫化氢和动物细胞

2008 年,西雅图的学者马克·罗斯(Mark Roth)在科学领域中(也可能在未来的文化选择中)开辟了新天地,这是一个令人震惊的堪称范式转换的发现:

当老鼠接触到硫化氢（H_2S）时，它们就进入了一种被描述为"生命暂停"（suspended animation）的状态。[13]更准确的描述是，这些老鼠被置于一种可逆的死亡状态。在细胞内高浓度 H_2S 的作用下，它们从代谢上被关闭了（早些时候，罗斯已经发现细胞能生成 H_2S 并将其用作信号分子）。但较高浓度的 H_2S 能让罗斯令小鼠的体温降低到足以致命的温度。当切断 H_2S 供应后，老鼠又活转过来。由于老鼠不能说话，所以无法知道它们的大脑缺氧是否会致使脑死亡。

这是罗斯的结果中悬而未决的主要问题。直到后来才提出了第二个问题：当复活的老鼠重返老鼠的日常生活——吃东西，排便，交配，以及在跑轮上疯狂奔跑——它们的脑细胞是否有显著的表观遗传变化呢？答案是大脑确实被改变了，而且不仅仅是以被认为可预测的方式。[14]它涉及 H_2S 如何同吃肉有关。

同型半胱氨酸积聚和心脏病——从硫化氢到救援的表观遗传变化

消化鸡胸肉，以及尤其是像牛排和羊排这样的红肉，会留下不同浓度的同型半胱氨酸。这种氨基酸在高浓度时会对心脏健康有极大的负面影响。人类之所以没成为完全的食肉动物，同型半胱氨酸的积聚就是原因之一。它在过量时会增加许多组织的氧化应激。我们都曾被迫去购买维生素，因为它们具有"抗氧化"的特性，就好像氧气是个杀手似的，也许我们应该把它们统统扔掉。然而，凡事都一样，当我们代谢和消耗化合物时，我们利用的是生命过程所释放的能量。就像壁炉的烟道通风不畅时就会留下焦痕和烟泥，新陈代谢过程亦是如此，剧烈燃烧热量会影响作为"燃烧"场地的细胞。

两种糟糕的事情发生了。内皮（组织的内层）由于过量的同型半胱氨酸（及其他化合物）激发了太多的氧化代谢而被分解。构成血管和心肌细胞[①]的内皮细胞，最易受此影响。在细胞内，由红肉中过量的同型半胱氨酸刺激的代谢活动会导致线粒体这一细胞器被分解，而线粒体是提取大多数能量的场所。这相当于柴油发动机驱动发电机发电。当燃料烧得太热，发动机本身（线粒体）就会被分解。但是硫化氢是一种主要的抗氧化剂，可以阻止这种同型半胱氨酸的积聚。

H_2S 是细菌和真菌的产物。它对动植物生理机能的重要作用是近十年才被确立的。而对其表观遗传效应的了解就更少了。H_2S 对细胞的影响通常是保护细胞，因为它会引起活性氧和氮类的减少或中和。这些作用在神经细胞、成肌细胞、中性粒细胞和巨噬细胞中都有显现。但动物是怎么得到这些的呢？

长期以来，人们一直认为食用大蒜对心血管有益。吃下捣碎的蒜瓣会引发化学连锁反应，其结果之一是向体内短期输送了一剂 H_2S，随后该分子与细胞中的其他化学物质发生反应，造成血管放松，减少这些血管的收缩。这不仅对心脏内部和周围的血液流动有着巨大的积极影响，对给神经和大脑输送氧气也是如此。

吃什么是什么，迟早而已。而何时吃、吃什么、吃多少以及为什么吃我们在吃的食物，仍然是所有物种进化演变的一个强有力的因素，这没什么可大惊小怪的。

---

①内皮细胞并不会构成心肌细胞，而是构成心内膜等，此处作者应该是表述错误。——译者注

第十二章　大流行病的可遗传后遗症

　　帕特里克·奥布赖恩（Patrick O'brian）所著的关于拿破仑战争时代的精彩小说系列从《怒海争锋》（*Master and Commander*）开始，最后延续了二十多部小说才结尾，其中最令人惊讶的细节之一是，博闻广识的间谍医生斯蒂芬·马图林（Stephen Maturin）为了减轻经常受伤的杰克·奥布里（Jack Aubrey）船长的焦虑，频繁给他的病人"放血"，以及用未经消毒的柳叶刀给船员放血作为常规治疗手段。

　　几个世纪以来，放血一直是医学行业的主要实施手段。[1]人们会认为，如果没有用消了毒的手术刀（或称柳叶刀）来放血，许多病人就会因为败血症和感染而死亡。但对这种做法似乎也有相当合理的解释，而且在任何可称之为"医学"的手段被发明之前很久，人们就已这么做了。放血一度是医治人类最为无情的疾病——黑死病和其他细菌性疾病——的唯一已知疗法。

　　人类经历了各种瘟疫，从细菌到病毒，以及某些情况下的过敏，其中就有着人类刚发生的进化的潜在原因。表观遗传变化可能不仅是由毒素、疾病的破坏或看着亲人惨死的巨大压力引起的，也可能是由肠道生物群系的变化引起的。因此，流行病是最深刻的环境变化之一，能触发拉马克所认为的引起进化演变的第一步。而任何瘟疫都会产生拉马克的第二步：行为的彻底改变，从简单地逃离中世纪城市到召唤神灵再到寻求医疗救助。给患者放血则是一种治疗方法。

历史上影响人类的许多最可恨也最致命的疾病都是由细菌引起的，关于放血最早的记录能追溯到古埃及，然后在约 2400 年前传播到希腊。[2] 大约 1800 年前，医学行业的早期倡导者——从受人崇敬的希波克拉底（Hippocrates）到盖伦（Galen）——都交口称赞放血对几乎任何疾病甚至是肥胖和不快乐都有好处。早期基督徒、犹太人和穆斯林的文献中都提到过放血疗法。这种做法并不局限于西医，在欧洲人发现新大陆之前，它也曾在美洲被使用。

正是在中世纪，这种做法开始变得司空见惯，就像今天验血抽血不需要医生一样，放血疗法通常是由理发师和美发师来做的，理发店红白条纹的三色柱的由来就是染有血迹的毛巾。中世纪时常见疾病中最具潜伏性又最致命的是腺鼠疫（黑死病），对那些染此恶疾的人来说，放血疗法是唯一的希望。直到对细菌进行了真正的科学研究，人们才发现被提出了几千年的民间疗法也有其科学依据：我们的血液中含有大量的氧化铁。铁元素是所有细菌都需要的。腺鼠疫的潜伏性相当强：它的病原微生物以被感染者（或大鼠）免疫系统的白细胞（称为巨噬细胞）中的铁为能量来源。而出血则会使细菌失去铁。[3]

当受到致病微生物入侵时，巨噬细胞开始行动，将肇事微生物带入淋巴系统，在大多数情况下，微生物会在淋巴系统中被中和或杀死。可鼠疫细菌却能在那里蓬勃发展并大量繁殖。所以淋巴结会发生肿大，最终形成脓疱并溃裂。在淋巴中，鼠疫细菌的数量不断增加。阻止它们唯一可行的方法就是切断细菌的需求，这样它们在体内的数量就可以减少到免疫系统能最终消灭它们的程度。所有细菌都需要的主要营养物质是铁，给病人大量放血会降低全身的铁含量。当然，它也会使身体其他部分缺氧。（中美洲人不仅利用大量放血来治疗疾病，还用它把人带入类似昏迷的催眠状态——由于大脑缺氧所致——来进行宗教仪式。）

人们通常由于跳蚤叮咬而染上腺鼠疫，这些跳蚤以前曾叮咬过受感染的动物，如鼠、兔、松鼠、花栗鼠和土拨鼠。鼠疫的传播还可通过与受感染的人或动物直接接触，或是食用受感染的动物，抑或是被受感染的家猫抓伤或咬伤。在极少数情况下，被感染者接触过的衣服上的细菌也会传播鼠疫病菌。

瘟疫大流行的多次爆发都有其单独的名称。[4]安东尼大瘟疫（Antonine Plague，公元165年至180年）是一次或是天花或是麻疹的大流行，由从近东地区的战场归来的军队带回了罗马帝国。在罗马，它每天造成的死亡人数多达2000人，是被感染人数的1/4。总死亡人数估计为500万人。疾病夺走了某些地区1/3人口的生命，并大大削弱了罗马军队。大流行病产生的巨大社会和政治影响会席卷整个帝国，尤其是在雅典。雅典大瘟疫（Plague of Athens，公元前430年）看起来是一场早期的腺鼠疫大流行，但由于它比已知的腺鼠疫事件要早得多，它也可能是斑疹伤寒、天花、麻疹或中毒性休克综合征（相关但非传染性）。它发生在卷入了雅典和斯巴达的伯罗奔尼撒战争的第二年。斯巴达和地中海东部的大部分地区也受到了这种疾病的侵袭。

之后，鼠疫又卷土重来了多次，其中包括1629年至1631年的米兰大瘟疫（Great Plague of Milan），一连串的腺鼠疫大流行据称夺去了大约30万人的生命。仅米兰一地，13万人口中就有约6万人死亡。马赛大瘟疫（Great Plague of Marseille，1720年至1722年）和莫斯科瘟疫（Moscow Plague，1770 年至 1771 年）也是大规模爆发的腺鼠疫。

疾病大流行的表观遗传结果

许许多多场瘟疫和疾病就像一次次人口大清洗，也造成了类别相当不同的表观遗传效应。实际上，瘟疫是农业引发的后果：新且丰富的食物来源带来了更多人口以及城市。大流行病需要拥挤的人类环境才能成为大杀手。它们需要的是已经整体变弱的人，而农业的兴起实际上大大缩短了人类的平均寿命，也降低了人的身高和体重：饮食变得更加单调和缺乏营养，农作物经常歉收而导致饥荒。瘟疫也同军队和战争有关：侵略战争把微生物带到了与世隔绝且没有一点免疫反应的人群中。

大流行病带来的最明显的进化效应是人口数量的减少和种群基因库的大片消失。尽管有淘汰免疫系统较弱的人类的积极效果（至少从自然选择的角度来看），但在许多较小的种群中，这就导致了严重的"瓶颈效应"，幸存者会不成比例地改变未来的更大的种群。

但很少论及的一个方面是对幸存者的影响。很难想象欧洲和亚洲城市里那些在这些大流行病中幸存下来的人的恐惧。当 1/3 到 1/2 的人口（或更多）迅速死去，痛苦不堪，死状惨烈，这对人类多种应激系统造成的后果将是影响深远的。[5]就像从战争中幸存下来的士兵一样：所有相关人员都会患上创伤后应激障碍。埋葬丈夫、妻子、孩子。腐烂尸体的气味。停水断电。随着农业工人减少，农田无人耕种，饥荒随之而来。而最大的压力则来自于死亡率最高的城市。

有如此多幸存者目睹了惨状，他们的愤怒和无助，以及包括食物供应在内的公共事业服务的减少，势必会令他们遭受强烈得多的暴力，既是作为施加者也是承受者。卫生设施的减少，腐烂的尸体，老鼠和其他有害动物的增加，久久不散的臭味，焚烧尸体和衣服的污染。会有更多人酗酒。所有这些都会影响皮质醇和肾上腺素的水平。而这些变化会触发甲基化，从而导致可遗传的行为变化。幸存者的负罪感，还有看到亲友死去对精神健康造成的诸多摧残、PTSD 的影响、抑郁症的影响。这使得幸存者体内每天或每小时都充斥着应激激素。压力、突变的增加、表观遗传标记的形成，这些使表观遗传发生了根本的变化，怎么可能不在几代人之后产生巨大的进化反响呢？

宗教体验和基因功能

大流行病也会为宗教皈依开辟道路。在这点上，我们也知道，许多人在生活中经历了深刻的宗教皈依或宗教体验，产生了他们自己的一套可遗传的表观遗传行为变化。但至少在中世纪的欧洲，还有着另一个后果，那就是许多人对似乎是他们生存唯一希望的坚定信念，而这个唯一希望，就是来自上帝的帮助。天下父母的爱子之心是一样的。一个孩子的死亡不啻于一场情感灾难——你能想象看着自己的大部分或所有孩子死去吗？而天堂的概念是死去的人会去的"更好的地方"，它就是一个情感避难所。

强烈的宗教体验对许多人来说是很常见的：时间似乎把我们带离了我们的身体，并在许多情况下永远地改变了我们。也许它就发生过那么一次，也许是惯常地伴随着祈祷或冥想，转移到了另一个意识中。

意识变化（被一些人定义为"宗教"体验）的种类确实是多种多样的。到目前为止，还很少有生物学上的科学定量研究来探讨这种令人费解的可能性——当一个人变得极其虔诚、高尚、易受外界暗示的影响，或能轻易转入深度冥想状态，还有其他许许多多被认为是超验的经历时，那么特定的基因是否参与其中呢？这类研究的范围正在扩大。

显然，极其虔敬的父母，他们的孩子也会同父母一秉虔诚。这仅仅是文化学习吗？就像父母多年来在餐桌上宣扬的政治倾向，通常也会变成孩子们的政治倾向一样——或者，就像假设的那样，这在某些方面是由于父母传给后代的表观遗传变化？似乎那些从信仰中感到宗教狂喜的人的感觉，无论在定性还是定量上，都比那些参加政治集会的人的感受或是与运动队有情感纽带的人的情绪更加强烈。

在所有类型的研究中，对人类大脑功能在各方面的潜在遗传变化的研究是最难严格检验的。不过，现在有证据表明，意识的变化可能与控制人类细胞中一种叫作囊泡单胺转运体（vesicular monoamine transporter，或者简称为 VMAT2）的蛋白质产生的开关有关。制造这种蛋白质的基因也以此命名，不过有些人称之为"上帝基因"。[6] 正如科学界一如既往的风格，其他科学家根本不信会有这样一个基因。

毫无疑问，从单个的神经细胞到神经网络再到记忆的形成，各种各样的宗教体验都能在不同程度上引起可观察或可测量的大脑变化。并不是每个人都这样。但是新的脑部扫描研究——一种记录人脑在任何给定时间经过实验刺激后不同部分的相对活动的方法——表明，不仅大脑可以揭示出在宗教体验期间可观察的变化，而且在不同被测试的人身上，在大脑的同一近似区域也可以观察到活动的变化。[7]

同样有趣的是，即使没有实验性的刺激（比如向信仰者和非信仰者展示宗教图像），自诩为无神论者的大脑表现出的活动模式也与信徒不同。神经学家安德鲁·纽伯格（Andrew Newberg）[8] 检查了一名自称无神论者的人在冥想时的大脑。据纽伯格而言，无神论者大脑的运作方式与同样在冥想时被扫描的佛教僧侣和方济会修女不同，无神论者的前额叶皮层要活跃得多，前额叶皮层是产生和控制情感的区域。纽伯格认为，无神论者的大脑似乎是以一种高度分析的方式行使着功能，即使他处于休息状态。这表明，那些自认为有宗教信仰的人在某些时候，或者可能是任何时候，都会变得不那么善于分析，而不仅仅是在冥想或有宗教体验的时候。

这样的宗教体验也会影响记忆。在许多情况下，那些进入各种已感知的宗教狂喜状态的人后来对这特定经历的记忆已经减退甚至完全消失了。他们可能会有时间流失的感觉（生物钟被调慢或关闭）。这两种反应都与额叶活动减少有关。大脑中的一些控制中心已经发生了根本性的改变。最有说服力的解释是，尽管他们保留着与首次受启或超宗教体验之前相同的 DNA，但有一套不同的基因功能正在进行中，改变的基因组或表观基因组增加了一些蛋白质，同时减少了另一些。

这就是 VMAT2 基因大展身手的地方了。这个基因通过调节 VMAT2 蛋白的产生来控制情绪，[9] 而 VMAT2 蛋白会作用于情绪振奋剂的数量，包括血清素和多巴胺，这是两种与快乐有关的最强大的改变情绪的成分。许多神经科学家从这些和类似的实验发现中得出结论，精神倾向涉及与大脑神经递质相关的基因表达。

因此，从灵性来看，情绪变化是基于蛋白质形成或这些蛋白质在身体细胞内外的浓度。尽管制造这些蛋白质的能力也有可能完全是一个遗传的、从出生起就不变的基因编码过程，但实验证据表明并非如此。最精简的解释是，在他们的生活中发生的表观遗传变化使人们增加或是减少了改变情绪的蛋白质。

新的前沿问题是，上述这些是否是普遍认为的强大的宗教信仰能够遗传下去的原因。而这种遗传性是来自于未改变的基因，还是来自于带有甲基化触发标记的基因，又或是造成信徒后代基因组的相同部分被再甲基化的蛋白质构件？灵性对人类确有作用，而且经过数万年得到了自然选择的青睐，因为强大的宗教信仰在医学上、心理上和社会上都是有益的，比如可以延长寿命以及帮助疾病更快痊愈。

佛朗哥·波纳吉迪（Franco Bonaguidi）研究了自认为有灵性的患者从肝脏移植和乳腺癌手术中康复的效果。[10]近期，他记录了一个显著的证据，证明了从大脑的蛋白质浓度中诞生的灵性，是怎样不仅影响了第一代，还影响了第二代。有宗教信仰的病人不仅在手术中有较高的存活率，而且寿命也较长。而最引人注目的一点是，有一个明显的可遗传的方面，它不仅与信徒会生出更多信徒子女有关，而且与信教的父母会生下更健康的孩子有关——根据量化研究的结果，发现这些患者生下感染脑膜炎的孩子的可能性较低。

另一个可遗传的方面是，具有强烈内在信仰的病人比那些不够虔诚的病人从抑郁症中恢复得更快。抑郁症可能会带来患者的表观遗传变化，从而导致他们的孩子患上更严重的抑郁症。而宗教却能反其道而行之。恶与善。下一代选项菜单中的压力基因和快乐基因。看来，上帝基因至少对连续两代人有着潜在的影响。

试图把战争和暴力、食物和喂养、疾病、宗教和宗教狂热的表观遗传结果作为人类进化中的独立因素而分离出来，是不可能的。战争会导致饥荒、疾病，常常还会带来强加的新宗教。灵性的获得或丧失。整个历史是人类个体许许多多股命运之线的混合，再加上他们的生活和行为，编织成一个巨大挂毯，铺天覆地，经纬错综，挂毯的图样则类似于被激发的表观遗传变化，这些变化本身带来了新的时代和新的历史。

相互作用的分子通过众多表观遗传过程产生了可遗传变化，而我们是这些分子的产物。正如先我们而来的浩瀚生命史，殊途同归，成就了我们。

第十三章　现有的化学物质

现今的世界承受着各种毒素的冲刷，这些毒素会导致人类的表观遗传变化。某些毒素是工业的副产品，比如不会燃烧的睡衣，需要化学物质才能运转的发电站，从填埋的垃圾和有机物中冒出的硫化氢，被含有各种强力分子的废弃药物污染的供水系统——这些强力分子模拟了人类激素，影响着年轻人和老年人。但也有一些我们明知有毒还故意摄入的毒素：尼古丁、四氢大麻酚、酒精、槟榔、可卡因、海洛因等。

我们中的许多人不知不觉受到了某些涉及毒素的生活史事件影响，而这些事件还先于我们的时代——发生在我们的祖父母身上。接触有毒化学物质就是其中之一。不过，我们的祖父母受到各种表观遗传活性毒素和其他化学物质污染的程度，可比我们今天每个人已经和将要遭遇的要低好几个数量级。现在从环境和各种来源吸收的化学物质正在改变着DNA并控制着基因，影响着核酸和氨基酸，使其陷入混乱。

关于表观遗传变化在多大程度上改变了我们这个物种的定量研究尚处于起步阶段。[1] 然而，现在的几代人显然刚开始一项关于智人整体进化的大规模实验，原因很简单，空气和水中的化学物质含量比哪怕几十年前都显著要高，城市里的情况更是大大恶化，这是由技术进步

(比如包装材料大部分换成了塑料)和近几十年间人口的大幅增长共同导致的。有一大批金属和有机化学物质会导致与癌症和呼吸系统疾病有关的直接的表观遗传变化。

极其令人担忧的是全球与饮用水相关的基础设施[2]的状况，以及随着全球人口增加在空气污染方面的情况。燃煤发电厂尤其是一大危害，因为它们排放的各种小颗粒会滞留在肺部。[3]一起发生在密歇根州弗林特市的灾难显示出，"水"的毒性尤其是一个大问题。而那些认为这是一个孤立的政治问题而非生物学问题的人，则是大错特错。在我华盛顿大学的办公室里，来自大楼管道的水也有很大的毒性，不适合饮用。我儿子就读的位于北西雅图的公立小学的水也是如此。

本段概要为安德烈·巴卡瑞利（Andrea Baccarelli）和瓦伦蒂娜·波拉提（Valentina Bollati）"表观遗传学和环境化学物质"（*Epigenetics and Environmental Chemicals*）一文的改编版（本章注释1）。

A. 金属

人们已经知道，DNA和表观基因组（该情况下是甲基化的增加或减少）同环境金属间是存在关联的。

1. 镉　一种确定的致癌物质，可引起DNA甲基化的改变。

2. 砷　一种确定的对人类致癌的物质，但在动物模型中没有致癌性。

3. 镍　人们对镍知之甚少，但它可以导致超甲基化，导致各种基因的表达失活。

4. 铬　铬暴露的肺癌实验对象的各种遗传变化是已知的，但铬的表观遗传效应仍知之甚少。

5. 汞（以化学甲基汞的形式存在）　一种环境污染物及一种潜在的神经毒性剂，在海鲜中含量较高。围产期接触甲基汞会导致小鼠学习和动机行为的持续变化。

B. 有机毒素

1—3. 三氯乙烯（trichloroethylene，TCE）、二氯乙酸（dichloroacetic acid，DCA）和三氯乙酸（trichloroacetic acid，TCA）对小鼠肝脏有致癌性的环境污染物。

4. 空气污染　颗粒物（particulate matter，PM）与心肺疾病死亡率以及肺癌风险的增加有关。它可以导致基因特异性甲基化。黑碳（black carbon，BC）也与降低的 DNA 甲基化有关。减少的甲基化可能会产生与疾病发展相关的表观遗传过程，并表现为颗粒物空气污染影响人类健康的机制。与对照组相比，暴露在炼钢厂空气中的小鼠精子 DNA 会开始发生超甲基化，而且这种变化在环境暴露消除后仍持续存在。这一发现需要进一步研究，以确定空气污染物是否会导致 DNA 甲基化的变化，以及这种变化是可以跨代遗传的。

5. 苯　高剂量的苯暴露与急性白血病风险增加有关，其特点是甲基化率较低。即使是低剂量的苯暴露也可能引起 DNA 甲基化的改变，产生在恶性（癌）细胞中发现的异常表观遗传模式。

6. 1,3,5- 三硝基六氢—1,3,5- 三嗪，黑索金（Hexahydro—1,3,5-trinitro—1,3,5-triazine，RDX）　黑索金是军事和民用活动中产生的一种常见环境污染物，与神经毒性、免疫毒性和癌症风险增加有关。在表观遗传学方面，它改变了RNAi的活性，在与癌症、毒素代谢酶和神经毒性相关的基因通路中产生表达谱。

7. 内分泌干扰化学物质和生殖毒素　发育中的生物体对内分泌干扰化学物质的扰动极为敏感，这些化学物质具有类似激素的活性。来自动物模型的证据表明，在哺乳动物发育的关键时期暴露于这类化学物质可能会导致表观遗传状态的持续且可遗传的变化。特定的化学物质包括乙烯雌酚（diethylstilbestrol）、双酚A（bisphenol A，BPA）和二噁英类物质（dioxin）。

毒素的作用

帕金森病是人类的一大痛苦来源，其病因被归咎于环境毒素。[4]患者的神经系统和肌肉系统通常受到损害，而在疾病发展的早期，患者通常会努力隐藏他们颤抖的手和无意识的肌肉问题。这是一种遗传性疾病①，有十几个基因参与了相关的功能（以及丧失功能，取决于基因）。人们做了大量研究，投入了大笔研究资金。但到目前为止，只有不到10%的病例可以追溯到这十几种相关基因的作用，而90%则归因于环境的某些方面，而不是遗传。

环境中的毒素（参见前文）涉及甚广，从看似简单的锰（一种钢铁工业中使用的金属）过量，到以过高浓度进入人体的常见杀虫剂。过量的铅会影响神经、心理过程和记忆，并导致神经系统退化。

当大多数想要了解人类疾病的研究人员走的是小鼠或大鼠

---

①目前，帕金森病并不被完全认为是一种遗传病，也正如作者后文所说，只有一成的病人是由于遗传因素，其他病人都是因为环境因素，一般称前者为遗传性帕金森病，而后者为散发性帕金森病。特此说明。——译者注

的路线时，另一个被深入研究的物种是一种名叫秀丽隐杆线虫（Caenorhabditis elegans）的小蠕虫。在一项研究中，这种微小的无脊椎动物被置于高浓度锰[5]的环境下，以求获得这种环境毒素影响激素应答的证据。这种与人类进化关系如此远的无脊椎动物却拥有许多共同的化学触发物和信号物，这一事实表明许多基因是多么古老和保守，尤其是那些与环境触发物有关的基因，如饥饿、捕食、中毒或极端温度。在所有哺乳动物中都存在的人类激素多巴胺甚至更加古老，它在秀丽隐杆线虫中也存在。为了应对锰的毒性水平，这种小蠕虫的体内充满了多巴胺。

研究人员说明了步骤：（1）锰含量过高；（2）体内充满多巴胺；（3）症状类似帕金森病，也会缩短寿命，并引起其他生理功能的氧化应激。最终的结果是神经退化。

迈克尔·斯金纳和农业毒素

现代文明通过许多途径产生了进入生物圈的各种各样的化学物质。数十年来，政府监察机构和医疗机构一直在提醒我们注意可以影响人类健康的严重的污染物，如溶解的铅、砷、锰和其他金属，还有空气传播的污染物；在工业文明出现之前的众多污染物要么浓度较低，要么根本就不会以自然状态存在，但现在，接触到这些污染物的危险越来越大，这是前所未有的。这些肯定会导致实验动物发生可遗传的表观遗传变化。其中许多都不是产品中含有的有毒的元素，而是现代工业中常见的有机（含碳）分子，比如童装中的阻燃剂和用于能量传送的多氯联苯（PCB）等化学物质。监管法律尽全力保护人类生活用水和农业用水，以及湖泊、河流、海洋和冰盖这些地球"水库"。可是，化学物质还是会通过各种途径进入每一个水体，很多情况下这些化学物质都是来自农业。

　　北美似乎是地球上污染最严重的地区之一，尽管它在制造业和农业产出方面拥有三个全世界最具生产力的国家——或者这就是原因？目前在水生动物和包括人类在内的陆地动物体内，以及人类母乳中发现的化学物质证明了这一点。[6]许多令人担忧的新研究也是如此，其中无出其右者的是 2017 年对北美男性精子数量的研究。[7]基于来自北美、南美和非洲的数万名男性样本，研究表明在近四十年间，北美男性的精子数量和正常值大幅下降。同样的情况在南美和非洲的男性身上没有发现。没有证据表明这是由有毒化学物质引起的，但这似乎是一种可能性。

　　我们庞大的人口显然需要大量的食物。为了获得足够的收成，农业的大规模产业化愈加依赖于人工化肥，以及除杂草的除草剂、解决真菌生长和植物被破坏的杀真菌剂、杀灭吃庄稼的害虫的杀虫剂和加快食用肉类生长的激素。[8]看起来更多科学家是在发明和生产这些化学物质，而不是向大众警告它们的危害。华盛顿州立大学（Washington State University）的迈克尔·斯金纳（Michael Skinner）及其众多同事通过多项研究[9]表明，当大鼠暴露在即使是低水平的常用农药中时，也会有好几代发生变化。这就是可遗传表观遗传学在近期北美男性精子数量下降的发现开始起作用的地方。

　　在斯金纳团队的研究中，他们让大鼠暴露于几种最常见的农药。其中一种是杀真菌剂乙烯菌核利（vinclozolin）。斯金纳研究发现，暴露于这种化学物质的实验动物（该例中是大鼠）中有怀孕的雌性。而这些雌性的后代中，性成熟后的雄性精子数量比未接触农药的雌性的雄性后代要少。第一代大鼠产生的精子也常常是形态畸形的。尽管这一发现很有意义，但更重大的发现是，暴露于农药的雌性大鼠接着生下来的两代雄性都显示出了同样的雄性生殖损伤。但它们中的任何一个都没有发生 DNA 上的变化——只有一种可遗传的表观遗传变化在随时间变化着。它们的基因组没有受到影响，但它们的表观基因组受到了影响。第一代大鼠由于接触了农药，它们的 DNA 上出现了新的甲基化位点，并且会遗传下去。

"但大鼠并不是人！"批评这些研究的人写道，"此外，人们可以食用有机食品来避开所有这些问题！"不太可能。现代人现在就是大鼠，可以设想，我们正在把许多这样的表观遗传性状传给尚未出生的人类，这些性状来自于我们所吃食物中使用的产品，以及来自数不胜数的其他工业化学物质。

从那以后，斯金纳及其团队检验了越来越多种工业化学物质，其中包括一些化工行业的主流畅销产品，包括公开发售的导致生殖系统、免疫系统和肾脏疾病的化学物质。根据斯金纳的研究，这些疾病会在后代中出现。

大麻烟疯潮①

某些化学物质似乎是触发表观遗传变化的因素，而这些化学物质是那些人类愿意（或许，在上瘾时会不愿意）分享的：烟草、毒品，也许还有酒精。

大麻（及其主要成分四氢大麻酚）正在越来越多的国家变得合法

---

① 1936 年的一部反大麻宣传片，在不同地方，它有着不同片名，在美国的新英格兰等地，它的名字是 Reefer Madness，后曾多次被翻拍。——译者注

化，包括美国的部分地区。在华盛顿州和科罗拉多州，大麻合法化已有多年，大麻专卖店随处可见。因大麻和酒精而导致的控制力下降现在被认为是这些州车祸致死率升高的罪魁祸首。但最重要的是，大麻现在轻而易举就能得到，而且在年轻人的心中已得到了认可。于是，有越来越年轻的大麻吸食者被卷入了一场大规模的医疗和社会"实验"。

在美国，大麻是最常用的毒品，而且随着越来越多的州将大麻合法化，大麻似乎越来越流行。美国卫生与公众服务部（U.S. Department of Health and Human Services）于 2012 年完成的一项调查显示，在近一个月内，估计有 1890 万人吸食过大麻。[10] 这一数字高于 2007 年的 1450 万。随着吸食大麻的人越来越多，认为它安全的人就会越来越多。同一项调查显示，在 2007 年，12 到 17 岁的孩子中有 55% 的人能意识到吸食大麻有"很大的风险"，而在 2012 年，只有 44% 的孩子这么认为。

几年前，一项研究[11]表明，在未成年时期接触过四氢大麻酚（该分子是大麻致幻的主要成分）的大鼠比没有接触过的大鼠更有可能在成年后给自己施用海洛因。这点明了大麻是导向其他类型成瘾药物的"通道"。

随后的一项研究[12]则旨在观察这些影响是否会延续到下一代。在近十年左右的时间里，包括迈克尔·斯金纳的团队在内的许多研究人员都报道说，各种各样的环境暴露会在 DNA 上留下化学痕迹，并能数代相传。为了观察接触大麻是否会产生同样的效果，人们给雄性和雌性大鼠在整个未成年时期定期注射四氢大麻酚。这一暴露模式意在模拟典型的吸食大麻的青少年。

暴露结束几周后（有足够的时间令所有四氢大麻酚的痕迹消失），

研究人员让这些动物交配。幼鼠出生后立即被转移到另一个笼子，由从未接触过四氢大麻酚的雌鼠养育。当这些幼鼠成年后，即使它们自己从未接触过四氢大麻酚，它们的大脑也显示出了一系列的分子异常。纹状体是大脑中与强迫行为和奖赏系统有关的区域，它们纹状体中的两种重要的化学信使谷氨酸盐和多巴胺的受体表达异常低。更重要的是，研究发现，这个区域的脑细胞有不正常的放电模式。

第二代也改变了它们的行为。与对照组相比，父母曾接触过四氢大麻酚的大鼠对环境中的新奇事物更为敏感，而且更有可能通过反复按压控制杆来自行施用海洛因。

其他毒品

能够诱发表观遗传修饰的环境因素包括接触某些特定化学物质，但还有其他许多因素是得到政府许可的，比如世界上的头号杀手之一——尼古丁，它通过表观遗传途径影响生育能力。[13]

说到"硬"毒品，从可卡因和阿片类药物，[14] 到在亚洲更为风行的那些，尤其是槟榔（*Areca catechu*）的坚果①，都属此类。有十亿人消耗着槟榔果。而在众多嚼槟榔果的人中，还有儿童，他们罹患抑郁症和注意力缺陷（attention deficit disorder，ADD）的概率高于平均水平，智力则低于平均水平。[15]

在食用槟榔的情况下，患病风险的增加和可遗传的表观遗传修饰之间的联系也尤为显著。后者在这些吸毒者身上产生了快速的形态变化：这种毒品源自一种在亚洲和热带太平洋地区大量生长的小型热带

---

①目前在中国槟榔果尚未被认定为毒品。——编者注

坚果类植物，它的活化需要与少量的珊瑚石灰混合。最后就是喷出一口红色液体，看着就像是喋血街头。食用者的牙齿被磨尖，并被永久染成血红色。这就产生了第二个疑似表观遗传变化。由于没有白齿来磨碎谷物，晚期槟榔成瘾者吃下的许多食物都无法被正常消化。一般低收入人群（食用槟榔的最大群体）的慢性营养不良会导致消化系统炎症，从而影响肠道菌群。

任何的毒品使用，受影响最大的是吸毒者——至少根据当前的社会理论是这样。但这也会对瘾君子的社会关系产生极其负面的确凿影响，尤其是与家庭，于是造成了他们毁灭性的心理和生理问题。现在越来越清楚的是，表观遗传效应会传递给吸毒者（无论男女）的孩子。结果在一些父母吸毒成瘾的儿童中，高血压、糖尿病和影响消化的代谢变化，即"代谢综合征"的发病率较高。

对槟榔果的研究是最早表明男性对他们孩子存在影响的研究之一。[16]这一点现在也被证明适用于胎儿酒精综合征。[17]"怪罪母亲"的看法延续了几个世纪，使得男性的责任长期以来被网开一面，这可能是因为几代研究胎儿问题的医生和科学家只有男性，对女性极度贬低。

新清教徒时代的可能性

2014年，有一家新酒吧用一张引发争议又令人反感的照片来招揽顾客。照片上是一个抽着烟喝着酒的孕晚期女性。她看起来好像对很多东西都相当兴奋。标题写着：孕育！——纽约第一家孕妇酒吧。

最后发现，为孕妇提供饮食的酒吧的这则广告原来是一个极其低劣的恶作剧。[18]但是，人们能意识到并不仅仅只是孕妇把子宫内发育的孩子置于危险之中吗？可遗传表观遗传学在法律和伦理上对个人选择自由的限制能达到什么程度呢?

　　十七世纪早期的伦敦是鼠疫的温床。但在黑死病的爆发之间是早期伊丽莎白戏剧的黄金时代,也涵盖了莎士比亚和他的环球剧场的全盛时期。然而,伦敦人的这种繁荣生活过了才短短二十年,所有的剧院都关门了。原因是一群被称为清教徒的宗教原教旨主义者的上位,他们最终强大到下令处决了国王查理一世,并把整个英格兰拖入奥利佛·克伦威尔(Oliver Cromwell)的革命。在很短的时间内,整个社会很大一部分人的道德观念发生了转变,清教徒的理想标准是不准饮酒、跳舞,等等。

　　在不久的将来,不仅仅是未出生的、正在发育的孩子,还有父母仍在备孕而尚未孕育出的孩子,社会将会多重视所有这些孩子们呢?人们对表观遗传学有了更宽泛的理解,而它也以一种新的方式传播着,并被视作进化演变的实际情况,包括人类行为——这些会产生意想不到的后果吗?

第十四章　CRISPR-Cas9 世界的未来生物进化

　　直到最近，追踪从远古到近代的人类进化还一直是古人类学家的研究范畴——因为只有通过研究古代人类的骨骼形态，科学才能追踪进化演变。但是，由众多研究古今基因组的强大的 DNA 技术所引发的进化研究的革命，却开启了一个全新的世界，让人们了解近代人类进化的方式、地点和内容。令人惊讶的结果是，自从我们物种形成以来，不仅是人类基因组发生了一些重大的重组，而且在过去三万年中，人类进化的速度似乎一直在加快。

　　2.5 万年前，人类已经成功地在除南极洲之外的每一块大陆上扎根聚居。许多岛屿仍在"静候"人类的到来。对众多地点的适应造成了我们现在所说的各个人种。长久以来，人们一直认为诸如肤色这样明显的特征纯粹是为了适应不同程度的阳光，但最近有更多研究表明，我们所说的"人种"特征很大程度上可能只是性选择带来的适应性，而不是为了在各种环境生存下去的适应性。但许多其他适应性——大多数是形态学家看不到的——也正在发生。

　　由于地球上的人口相当多（最近马达加斯加、新西兰、波利尼西亚和夏威夷等较大的岛屿还有过几次人群涌入），人们可能会认为进化的时代差不多结束了。但事实证明并非如此。

证明最近进化的新研究

最近人类进化的速度是多少？亨利·哈庞丁（Henry Harpending）和约翰·霍克斯（John Hawks）的研究给出了一个激动人心的答案，并在 2010 年哈庞丁和格雷戈里·考克伦（Gregory Cochran）合著的书中有了更新的版本。（这些作者也引发了大量论战。）[1] 他们更为科学的发现显示，自最早的人科动物约 600 万年前从现代黑猩猩的祖先中分离出来以来，近 5000 年间人类进化的速度比以往任何时候快 100 倍。直到最近，世界各地人种间的差异已变得更为明显，而非趋于相似，那些结合起来用于区分人种的特征的进化并没有减少。只是在近一个世纪里，通过人类旅行的革命和大多数人对其他种族更开放的行为态度，这种趋势似乎已经放缓。

为了得出这个结论，研究人员分析了四组共 270 人的来自国际人类基因组单体形图（international haplotype map of the human genome）和遗传标记的数据，这四组人分别是中国汉族人、日本人、西非约鲁巴人和北欧人。[2] 他们发现至少有 7% 的人类基因经历了最近进化。而其中一些变化则可以追溯到 5000 年前。

有人会认为，遗传学对人类"种族"的起源有很多信息。但是，强势的政治正确给所有使用种族一词的科学项目带来了阻力，而 2016 年《科学美国人》（*Scientific American*）上的一篇热门文章[3] 称，该词在科学上毫无意义，这与之前同行评议期刊上的建言也相呼应。[4]

尽管如此，当然也有些例子表明，进化演变影响着生活在地球上不同地区的人群（不同地区人群间鲜有遗传交换）。人们注意到，在中国和非洲大部分地区，一直到成年都还能消化鲜奶的人要少于欧洲和北美。[5] 然而在瑞典和丹麦，产生乳糖酶这一消化牛奶的酶的基因仍然活跃，所以几乎每个人都能够饮用鲜奶。这也许可以解释为什么乳品业在欧洲比在地中海和非洲更为常见。其他例子还包括北欧浅色皮肤和蓝色眼睛的进化，以及一些非洲人群对疟疾等疾病具有不完全抗性。

其他一些研究已经发现了是自然选择而不是随机突变导致的最近变化的证据——换句话说，进化演变提高了人类各种地理种群的适合度。一项研究[6]发现的各种进化演变中包括对导致拉沙热的病毒——非洲人类一大灾难——的抗性。

可是，尽管这些研究似乎再次证明了，我们还没有完全成为一流的进化者，但却有人采取了截然不同的行动方针。显而易见，现代医学能非常成功地救活那些在性成熟之前就会死去的人，比如大量的早产儿，虽然这样的早产可能与遗传无关，但它们无疑是人类技术正在影响生存可能性（其本身就是进化的驱动力）的证据。一些进化论者指出了这点，以及许多不再适用于人类的自然选择的其他方面，其中包括捕食人类的捕食者（这是另一个引起自然界中猎物物种进化演变的常见驱动力）几乎已销声匿迹。但如果不是自然选择，不可避免地就会有"人类的定向进化"。允许我们推动自身进化的最重要的新工具是前文提过的革命性的基因插入技术，即CRISPR-Cas9。正是这种技术的新颖之处，使得先前如此多关于未来进化的推测都过时了。

前文讨论过的CRISPR-Cas9是对一组DNA序列（现在是人类使用的一种技术）的奇怪命名，这些序列最早是在细菌中进化而来的，而且很可能是在很久以前，就在细菌第一次出现后不久进化而来的。这些DNA序列包含更小的片段，这些片段起源于病毒，但在病毒攻击时被插入到细菌中。而这些DNA片段被细菌以某种方式使用，好比捕获了敌手的武器，然后把这些武器调转头来对付武器制造者。如果细菌受到相同病毒的攻击，这个细菌中的病毒 DNA 就成为了搜寻和破坏相似 DNA 的一种方式。战争似乎是生命的另一种定义——攻击、杀戮，把受害者变成制造病毒的机器的战争。但如果细菌存活下来，这些攻击武器就会成为细菌防御系统的主要部分。

正是这种细菌防御系统被遗传学家完美复制，从而制造出对抗各种遗传疾病的最重要的新型生物武器。CRISPR-Cas9 是一种基因组编辑技术，它可以对目标生物体内的基因进行永久性的修改，不管这些生物体是患有疾病的人类还是正在进行"改良"的食物。任何这样的工程从定义来说都是拉马克式的环境事件。CRISPR 更强大的继承者目前正在构建中，而且不再是由学术界主导，而是生物技术公司①。

基因编辑技术在世界各地生物实验室中的应用越来越多。这其中存在着意义重大的问题，尤其是植入生物体的一个基因必须让每个细胞都做出改变。因此，在一个已经分裂成多种多样细胞的生物体中，CRISPR 流程将搜寻特定的基因并将它们剪除。但并不能保证每一处的目标基因都会被编辑去除。这是在胚后期人类活体中尝试编辑基因的主要问题。如果是足够数量的细胞发生了变化，这种治疗可能仍会有效，但也可能无效。

CRISPR-Cas9 确实有很大的前景和潜力。潜在用途包括：

1. 通过创造出对引发疟疾的寄生虫具有免疫力的蚊子，帮助

---

① 2018 年发生的贺建奎将 CRISPR-Cas9 技术用于基因编辑婴儿的事件属于未经受伦理审查，并罔顾技术流程而发生的重大学术不端行为，但 CRISPR-Cas 系统仍然是一个极有前景的基因治疗手段，目前除 CRISPR 工具箱之外，也有了新型的基因编辑系统。基因编辑这一手段日益更新，也提醒人们对待各种新技术必须考虑生物医学伦理问题。——译者注

消除疟疾对热带和亚热带地区的人类的致命威胁。

2. 通过改变免疫系统的 T 细胞来帮助治愈癌症病人。

3. 治疗肌营养不良。

4. 开发更大的动物（更多的肉）或新型植物作物。

5. 构建长在猪身上的用于人体的器官。

6. 帮助战胜疾病，如艾滋病等。

但凡有光明，就总会有黑暗。[7]在二十一世纪这个满是拥有侵略性核武器国家的危险世界里，尽一切努力进行"防御"是合乎逻辑的，或许也是必要的，但实际上大多数武器都是为了"进攻"。人类疾病病原体制成的生物武器已经存在了近一个世纪。但在此之前，人类从未能够基于动物的形态，并逐个基因地把它们转变成更为致命的东西，以此设计出更好的武器。

当某天 CRISPR 的基因更改技术被应用于微生物大小的生物武器时，肯定已经完善过了。[8]最具毒力的病毒是扎伊尔埃博拉病毒（Ebola Zaire，一种会杀死大多数感染者的病毒变种）、马尔堡病毒（Marburg virus）、狂犬病（rabies）、人类免疫缺陷病毒（HIV，也称艾滋病毒）、天花（smallpox）、汉坦病毒（hantavirus）、某些类型的流感（influenza，诸如任何与 1918 年大流感一样强大的新变种，1918 年大流感据估计感染了 40% 的人类，并导致 5000 多万人死亡）、登革热（dengue，是一种被称为"碎骨热"的痛苦的热带疾病），还有轮状病毒（rotavirus，它会引起消化道疾病）。

普通感冒的病毒即使在桌面或门把手上数天之后仍能存活并具感染性，想象一下，如果那些最可怕的人类疾病也具有普通感冒的感染毒力的情形，或者如果它们可以通过吸入在拥挤人群中咳出或打喷嚏喷出的传染性颗粒来传播，这些就是快速攻击武器。

但隐藏危险更甚的是，那些需要巨额的社会医疗费用的疾病与高毒力结合，在这种情况下，一个国家的相当大一部分人可能会感染破坏性的长期疾病，如艾滋病病毒变种，目前任何现有治疗对它们都没有作用。以类似的方式，已被建造出来的生物武器可以靶向攻击目标国家的各种植物作物或食用动物。这些可能无法追踪，也就是为什么各个国家正在努力建立一个能够（有望）识别生物武器来源的数据库，识别方式类似于如何追溯各种核材料来源的增殖反应堆。

战争猛犬①

武装人员相互战斗的冲突仍然是最常见的人类战争类型。因此，才有了将人类增强为"超级士兵"的不懈努力。虽然并不存在这样的超级战士，但创造它们的方法已经根本不是科幻小说和理论了。中国繁殖了两只经过基因改造的"科学怪狗"，这让许多学术界的人清楚认识到，我们已经进入了一个新态势。[9]中国科学家选取了一种最友好、最不具威胁性的犬种，并使它的肌肉量增加了一倍。

在广州医药研究总院，这两只小猎犬都生长自经过了基因编辑的胚胎，被编辑的基因是用来决定狗的肌肉量的。长大之后，它们会变成肌肉隆起的大狗，有着快乐的脸以及强壮的体格，是警用和军用的理想动物。[10]

这些结果不仅仅是"一次性的"，因为现在有了各种改良犬类的繁

---

①出自 1980 年一部战争题材的英国电影名称。——译者注

殖对。由于编辑发生在胚胎中，受影响的基因（引起这种变化的是单个基因的突变，该基因被称为肌生成抑制蛋白基因）改变了生殖细胞系。所以这些狗生下的任何幼犬都会有这种基因改变。如果现在还没有的话，那也很快就会产生一个新的狗种。

单单一个基因，这是目前 CRISPR-Cas9 能够影响的全部。但在许多情况下，有基因控制着其他基因。一个基因编辑完全有能力创造出许多种类的"科学怪动物"，它们除了肌肉围度之外还有许多其他被改变的性状。例如，这些情况下的动物可能是影响智力的基因的候选者。即使一次只能编辑一个基因，也没有理由说许多个基因不能一次在一个胚胎中编辑。

众多记者在报道这些第一批基因编辑狗时，都没有问一个问题，那就是资金的来源。人类最好的朋友与人类士兵并肩作战的历史源远流长。狗本身也是士兵。而且这不仅仅是久远的过去。美国的突袭行动击毙了奥萨马·本·拉登（Osama bin Laden）及其家人和随行人员，在这场突袭行动中，用直升机运来了一条军犬，其名字乃至品种都一直被保密。有些狗已经（或正在）被训练用来杀人或其他狗，还有一些被用来寻找爆炸物，充当敏锐的哨兵、侦察员、通信联络员，当然还有鼓舞士气的精神科服务犬。

又或者与此相反：狗能引起强烈的恐惧——这种恐惧更甚于面对全副武装的士兵。现在有了新品种的狗，它们更聪明、更魁梧、更凶猛、更不易疲劳——还有超级灵敏的犬类嗅觉。

跳转到人类

如果狗的肌肉量能增加一倍，人类也能做到这一点。美国军方或其科学武器部门——国防高级研究计划局（Defense Advanced Research Projects Agency，DARPA）再清楚不过。据 2015 年版《科技时报》（Tech Times）网站报道，[11] 2013 年，DARPA 发起了名为"哺乳动物基因组工程高级工具"（Advanced Tools for Mammalian Genome Engineering）的项目的招募活动。除了专注于哺乳动物的基因组工程，该项目还专门针对人类的生物工程。这个资金充足的项目的官方提案非常明确。它从研究人员那里寻求有竞争力的建议，用于提高生物工程的生物武器和生物武器防御的效率的军事用途。

那么我们可以在人类身上做些什么呢？快速将带有许多基因的大型 DNA 片段引入人类细胞系，这会令人类物种的生物工程成为可能。可以肯定的是，世界各国军方正在研究能让士兵更高效、更具杀伤力的特性和基因。

当前 CRISPR 的局限性在于它是一次一个基因的系统，而美国军方想要更为强大的 CRISPR 后的下一代。他们想要制造出生物学上从未产生过的东西，而且打算通过最为拉马克式的机制来实现——在生物体的生命期间插入基因。

超级士兵离我们有多近？

要想看透这样一个项目的本质并非易事。如果对七十几个人类胚胎进行基因改造，再把胚胎植入女性志愿者体内，让它们尽可能地发育，最后在活下来的一半胚胎中，有一男一女两个人成为超级士兵，美国军方真的认为他们可以如法炮制吗？要如何以及在哪里才能这么做并令人信服呢？另一方面，又是什么阻碍了我们一次更换一个基因，踏上通往人类新物种的道路的呢？

可是，这些极其现实并事关道德的问题在大肆宣传中被忽视了。下文内容来自于一份叫作《激进分子邮报》（*Activist Post*）的刊物，它指出了超级士兵在军事素质提升方面可能会展现出来的性状：

> 更聪明、更敏捷、更专注、比对手更强悍的体格，这些士兵还有"传心术"，跑得比奥运冠军快，通过发育出的外骨骼能举起破纪录的重量，再生在战斗中失去的肢体，拥有超强的免疫系统，能几天几夜不吃不睡……还有情感方面。这些士兵的共情基因被删除，不会表露出怜悯之心，同时也缺乏恐惧感……更令人不安的是，涉及大脑控制的"人类辅助神经装置研究计划"（Human Assisted Neural Devices program）允许从遥远的控制中心用"操纵杆"远程操作这些士兵。[12]

在讨论如何提高作战士兵的素质，同时降低他们阵亡的风险时，常反复提到对这一课题的研究。理想情况是在实际前线根本不用人类士兵。所有这些都可以通过使用头顶上的无人机在后方完成，而无须将士兵推向战场。从自动驾驶汽车到自动驾驶和战斗的坦克、轮船、飞机，这些全都是大同小异的。

曾有很多热门杂志文章写过"超级士兵"是什么样子，从增强生物功能（对食物、水、休息的需求）到实际的身体变化（更发达、更多的肌肉等），这些变化从根本上改变了人体结构，从而产生了有机盔甲或"传心术"等类似事物。即使是关于培养用较少的食物和水能维持更长时间的人类的推测也涉及巨大的生物和遗传变化。许多讲述这个哗众取宠又极度煽情的故事的"新闻"文章的共同点是，几乎都集中在身体变化上（就像肌肉发达的狗），而任何"超级士兵"被改造出的确定最有效的变化是行为上的。这些可以通过基因改变来实现，这对任何派兵上战场的军队都有巨大的好处。终极杀戮机器是缺乏同情、毫无畏惧、对压力分子丧失正常反应的人类，而正是这些变化将赢得战争；公众是看不到这些基因改变的制造过程的。没有壮硕的阿诺德·施瓦辛格（Arnold Schwarzenegger），而是相貌平平的普通人，但他们缺少我们这些正常进化而来的人所拥有的阻止自己杀戮的情感。

许多拥有先进军事力量的国家正在关注这一进展。例如，2017 年秋天，俄罗斯总统弗拉基米尔·普京（Vladimir Putin）说过，遗传改造的超级士兵这一即将到来的现实可能"比核弹还糟糕"。[13]

整个关于超级士兵的争论中有一些夸大其词，激起了人们的恐惧心理，但这些事实上只是一个比喻。而无论这些士兵有多"超级"，基因编辑能产生比这严重得多的问题。不过，光凭借讨论就能左右一桩事物，确实会加剧人们的不安，不仅是个人，不仅是科学家，而是整个政府都对一项可以轻易启动并反噬发明者的技术感到不安。

基因变化的新拉马克时代

CRISPR-Cas9 技术的出现让人回想起二十世纪四十年代中期到五十年代中期，当时美国和英国科学家在控制原子弹的斗争中输给了政客。科学家们实在太天真了，他们相信自己对和平与裁军的呼吁会动摇同盟国的权势，相信他们可以把核弹这一魔怪封印在科学控制和科学委员会的瓶子里，而此时，铁幕两边的科学家却又如火如荼地制造更具杀伤力的原子弹，他们把最初的设计用作热核炸弹（氢核聚变的炸弹）的点火器。

核裂变是作为一种工具问世的。事实上，成功为全球供应了相当大比例能源的核电站展示出了核裂变是一个多么强大的工具。而CRISPR也是一种工具。但核裂变是由学术界制造出的，很久以后工业界才找到了一种利用原子裂变盈利的方式。现在这个反应式被逆转了。所有美国科学家都知道，自2010年以来，来自传统资助者［主要是美国国立卫生研究院（National Institutes of Health，NIH）和美国国家科学基金会（National Science Foundation）］的研究经费越来越难获得。但是生物医药公司却从已经上市的药品定价中获得了充裕的现金。基因编辑也是如此———在基因编辑的使用上，企业很快就超过了研究机构。

整个讨论可以总结如下：有时被称为"基因编辑"的过程可能最终会成为有史以来最重要的健康技术之一，一大批全球公司正在竞相使用它来对抗遗传疾病（遗传的或后天的）。CRISPR使三种类别的DNA改变成为可能：消除遗传疾病的胚胎改造、预防未来疾病的修改以及人类形态和功能的遗传增强。

在当前技术下，制药行业正在加大投入利用CRISPR来开发新药。目前，任何基于CRISPR技术的治疗都必须包括三个步骤：从你的身体中取出细胞，改变它们的DNA，然后重新将细胞引入你的体内。

CRISPR有望改变人类物种。但最大的伦理问题是所谓的生殖细胞系工程，即是使精子、卵子或胚胎的DNA发生永久性的改变，从被改变那刻起，这些胚胎将拥有一组不同的基因，一组将被传给后代的基因。

CRISPR-Cas9方法是一种工具，被用于农业、医疗和新药，并有望治愈一些人类最可怕的祸害——遗传疾病。它是一个利用表观遗传过程运作的工具，因此是一个来自原核细胞防御机制的新拉马克式的工具。而它也是一项已经问世十多年的发明，但还需要在诸多科学家和医生所认为的它最重要的对象——人类——身上进行成功测试。因此，当美国科学家首次成功在人类胚胎活体上进行编辑基因时，这就是 2017 年的一个重要里程碑。[14]

瓶中魔怪

目前还不清楚的是，CRISPR 固有的局限性是否会使它免于成为一个生物学威胁——还有，科学家是否会与政府成功合作，在该方法令人两难的伦理道德和同样令人不安的潜在危险方面做出明智的决定。但它只是基因编辑工具的先头部队。很快，CRISPR-Cas9 只能进行单基因编辑这一限制就会像第一架飞机比上现代隐形战斗机一样原始。会有大量资金涌入这个领域，CRIPSPR-Cas9 不可能不被淘汰。

人身上的一些特定基因可能引发某种特定的疾病，也可能导致病人的免疫系统因特定的耐药性而无法抵抗疾病。当发现、靶定再改变病人的这些特定基因成为常规时，它就会有更强大的能力。

逐利的生物医药行业总想将目前的技术向前推进许多步。而随着大多数熟悉其用途的生物学家强烈主张要有国际管控的同时，已有一些案例绕过了当前几近于无的监督。

政府监管呢？ 2016 年，一种经过基因编辑的 CRISPR 蘑菇避开了美国政府的监管，现在可以在没有进一步监督的情况下种植和销售。不久之后，美国政府又批准了一种新型的由 CRISPR-Cas9 进行基因改造的玉米投入生产；政府在玉米这件事上的审查聊胜于无，而 2016 年总统大选，还有某个人的目标居然是消除"监管"，全然无视科学，我们有充分的理由怀疑监管能实行到什么程度——或者，在这件事上，根本就寸步难行。二十世纪四十年代，原子弹的发明者努力要将他们的"玩具"控制在手中。他们失败了。

那么，会有什么危险呢？真实的基因，就像想象中的魔怪一样，并不总是一直呆在细胞中。有时它们会"跳跃"。真正的危险是，一些新构建的可遗传基因一旦插入生物体就发生突变，而且无论是植物、动物，还是微生物中，都会出现。被一些专家称为"基因编辑灾难"的事件的发生，更可能来自于改造植物的尝试，而不是改造人类基因所带来的危险，原因很简单，因为全世界的人都靠植物作为食物，而且对植物改造的审查较少（还有希望从某种玉米、小麦或其他作物新品种中获利的农业公司的秘而不宣）。

过去，全世界的大学每年培养出的能从事核武器研究的科学家屈指可数。而这一危险的工具（核裂变）和基因剪接的新工具之间最大区别在于，全球各大学总共培养出的能使用 CRISPR 的生物学家有数百万人。最近还有本书展示了"你在家"如何使用 CRISPR 技术进行自己的实验。CRISPR 有造福人类的潜力，但新拉马克式的基因编辑流程也可能会杀死大量的人，要么是作为武器，要么是作为食物来源或疾病疗法，本意良好但会失去控制。就像没有人会选择住在三里岛（Three Mile Island）或切尔诺贝利（Chernobyl），它们就是另一些失控的人类构想（建筑）。

结语　展望未来

我们自己的决策、演讲和独立宣言有多少是受到了家庭熏陶的影响？又有多少是由于我们体内各种由可遗传表观遗传带入基因组的、强大而不断变化的激素水平的影响？

现在广为人知的是，我们受到了自然选择所挑选的基因相互作用的影响，然而，本书所举事例认为不仅如此，我们也许更是受到了表观遗传过程所改变的基因的影响。这些包括甲基化的基因和改变的组蛋白，以及小 RNA 的影响，它们借由我们的父母、祖父母乃至曾祖父母生活中的一些新拉马克式的事件而变为可遗传的。第十章论述了在近几个世纪，更具体而言是在近几十年间，人类在"我们善良的天使"的陪伴下，经历了社会性的进化。但更准确的说法似乎是，表观遗传"魔鬼"帮助我们发生了进化。

地球上几乎每个人都生活在这样的环境中：与以往任何时期相比，我们吸入、摄入或直接接触的生物活性化学物质的量更大，种类也更多。如前所述，2017 年一项对生活在北美的男性的研究证明，他们的精子数量在近四十年里显著减少。[1] 这项研究的作者们只提出了两种可能性：一种是北美空气和水中普遍存在的化学物质造成了生殖力的下降，另一种是北美夏季平均气温的上升导致或促成了这一结果。众所周知，所有哺乳动物的精子都需要较低的温度，因此是储存在睾丸里，而不是在哺乳动物的身体主干中。近十年间，我的家乡还有个堂吉诃德式的科学家试图警告人们杀虫剂和除草剂对我们的影响：不是像"四眼天鸡"①一样杞人忧天，而是要像一个探索者一样探索这些化学物质对未来人类进化的影响。迈克尔·斯金纳寻找着他所研究的化学物质可能揭示的过程，以及同样这些化学物质可能造成的危险。因此，从很久之前起他就似乎一直是农业人士批评的对象。[2]

我们生活在一个人类比历史上任何时候都要多的世界里，每一个人都在向大气中排放二氧化碳，同时也或多或少产生着影响生物的化学物质。我们生活在变化速度不亚于远古任何时间点的气候之下。

我们都是在达尔文式的机制下进化的产物。但在某种程度上，我们也可能是环境压力的产物，而这些压力出现于我们父母和祖父母一生中的特定时间。这是通过环境变化触发或启动的可遗传表观遗传过程而发生的。

什么可能在未来造成这样的环境变化？这里有一个清单，每一个都伴随着因此而可能发生的物理变化和社会影响。

1. 栖息地的丧失和现位于海平面或以下的农场农产量的损失带来的压力

根据政府间气候变化专门委员会（Intergovernmental Panel on Climate Change）[3]的最新预测，即使海平面以最保守的速度上升，也会造成土壤浸水和海水倒灌入世界主要河流三角洲（如尼罗河、密西西比河、湄公河、恒河、弗雷泽河等）的特殊双重威胁。这些低洼的

①迪士尼的一部动画长片，讲述名为 Chicken Little 的小鸡一开始以为天塌了，后来从外星人手中拯救小镇的故事。——译者注

沉积组合很容易受到风暴浪侵蚀的破坏。（通过移除沉积物，以及对扎根的绿色植物和树木的生物性破坏，而这些植物是维系三角洲沉积物包的主要物质框架。）

当前的生产农业的面积是巨大的。位于海平面或海平面以下农场的农业生产目前养活了相当大比例的人口，特别是热带和亚热带亚洲的水稻收成。二十一世纪第二个十年开始迄今，特大风暴日益增多，从已经历的数次特大风暴中的大浪来看，哪怕海平面只上升了一米，这些地区都极易受到影响。它们就像是灾害事件发生期间的平台，风暴浪从这些平台移向某些地区，那些地区由于在灾害事件中反复受盐水浸泡而容易受到侵蚀和生物破坏，比如在飓风桑迪（Hurricane Sandy）来袭期间，它在 2012 年对美国东北部产生了极大影响。公元 2300 年之前海平面的持续升高将会同人口从 90 亿到二十一世纪下半叶的 100 亿的预计增长保持类似趋势。据预测，在二十二世纪上半叶将会有一个缓慢的回落。[4]

也就是说，海平面上升将成为除全球军队外世界各国最大的财政负担。将要承担的代价包括一些简单但昂贵的，比如把世界上许多建在海边垃圾填埋场上的机场（檀香山、旧金山、悉尼、香港、东京等）抬高；还有一些不那么直观的成本，如重新整修会受海平面生态影响的货轮码头和其他基础设施（比如多数与低海拔海岸线平行的主要高速公路和铁路线，这些海岸线地带会因区域性海平面上升涌来的风暴潮而被淹）。也许有点自相矛盾的是，海平面上升很可能也会导致全球军费开支的增加——为了更好地保护正在消失的农田不被饥饿的邻国侵占？

2. 气候事件增加导致的人类死亡率

似乎与全球气温上升和温室气体浓度增加有关的众多气候事件，将令二十一世纪每十年的人类死亡率达到更高水平。我们已经看到由气候引起的事件造成的人类死亡率的数量变化，这些气候事件中最新的类型是雨量前所未有的透雨（soaking rains）的出现，以及众所周知的人类杀手：干旱。过去的多次事件都是更为长期的（多年大旱）；但看来导致人类死亡的气候事件（短期的猛烈飓风、台风和龙卷风）的发生，再加上增加的降雨量超过了二十世纪的"正常水平"，相伴而来的就会是多场与 2016 年发生在路易斯安那州一样猛烈的大洪水。

另一个新的危险是，在那些夏季相对较少遭遇长时间高温的地方，出现了气温过高的情况。在欧洲等地，私人住宅和公寓很少安装空调，40℃ 以上的温度持续超过一周，就有越来越多的老人在此期间去世。地球上可能有一些地区（如澳洲内陆）将不再适合人类居住，因为一年中至少有一段时间的气温会高到人类无法忍受。[5]

尽管高温得到了如此多的关注（也理当如此），但最重大的事件也许当属休斯敦的特大暴雨引发的洪水。[6] 这场超级降雨事件很快就在随之而来的飓风的肆虐中被人抛诸脑后，这场飓风彻底破坏了波多黎各及加勒比海的其他岛屿。但休斯敦的降雨事件是未来的一个预兆。全球变暖使更多的水分进入大气，而世界变暖就会增加海洋的蒸发。因此，不可避免地会发生破纪录的大暴雪，如多灾多难的 2017 年最后一周发生在宾夕法尼亚州的那场，那时，无知的人们，包括无知的政客，都把这一事件引为全球没有变暖的"证据"。如果我们有一台时间机器，就可以把这些政客送回 1 亿年前的白垩纪，这被认为是自动物进化以来最温暖的时期，但很可能当时就已经有雪了。

3. 压力导致的疾病、自闭症和抑郁症

大量影响人类情绪和行为的各种毒素可能已经存在。我们所处环境中的毒素浓度增加是一种环境变化，而过去的环境变化已经加速了进化演变。其影响甚至超过了化学物质。所有这些经年累月就会产生压力，如果浓度足够高或持续时间足够长，就会引发进化演变。[7]

4. 区域性的饥荒

现代农业的每英亩可耕种土地的作物产量增加，这也许能平衡两个紧密相关的因素，即越来越多的人口和越来越少的为这些人口种植粮食的土地。这可以追溯到达尔文时代，马尔萨斯初次为人们敲响了警钟。[8]

5. 由于电子"（非）联结"产生的孤立的作用

在人群中不断增加的孤立感，以及每天大部分时间与电脑相系的大脑，我们对其潜在的进化效应目前还没有足够的认识。人类正在执行一项巨大的实验。智能手机让我们变得迟钝，但更重要的是，它们改变了我们的思维方式——至少在我们能够思考一个想法并被新想法打断之前的这个时间段里。

6. 多武器的核交换

尽管许多描写二十世纪核战争的小说作品通常勾画的是世界末日后的景象，但2020年后的实际情况是"有限的"核交换。印度对巴基斯坦，伊朗对沙特阿拉伯，朝鲜对韩国，或是美国对抗伊朗、朝鲜，甚至俄罗斯或中国的任何领土，特别是伊朗对以色列的可能性，并不是1000枚炸弹，而是只有6枚。

这并非一个不切实际的预测。假设一次短距离，来回发射超过数百英里但不到几千英里的核交换，那么战后世界会是什么样子，将取

决于核交换发生地的经纬度。但还是如卡尔·萨根所说,这将导致一场"核冬天"。尤其是如果美国决定使用核武器摧毁朝鲜的地下设施,据说那里是他们制造核弹和"新"(就是俄罗斯)导弹技术的地方。用于此的炸弹为了向下抛射出强大力量,就需要在一接触地面时爆炸,而不是曾用在广岛和长崎的空中爆炸(但美国、俄罗斯、印度、英国、法国、以色列、朝鲜和巴基斯坦的统帅们仍选择用这种空中爆炸的方式以杀死尽可能多的平民)。由地面接触引爆的美国炸弹(地堡终结者!)将制造比空中爆炸持久得多并更具破坏性的气候影响,因为它们会向空气中投掷出更多沉积物。

7. 我们以某种方式避免了所有这些糟糕的未来,并通过努力、智慧和善意(更别说那些必要的了),作为一个和平的物种实际生存下去

乐观主义者认为,掌握核聚变能源等技术,真正承诺使用非碳能源,利用 CRISPR-Cas9 及类似技术击溃疾病并带来更多食物,这样的前景不胜枚举。乐观地看来,"我们善良的天使"必将占据上风。

没错,甚至近在 2016 年发生的人类事务也有可能已经增加了许多人的压力,也许因此对人类进化产生了影响。至少在美国,一个征兆就是可量化的行为变化:每天观看新闻频道的人数与日俱增,而且阵营分明。另一个则是自 2016 年起,美国枪击平民的事件急剧增加。

2017 年春,我收到了来自 *Gizmodo* 网站的一封电子邮件,[9]问我是否可以就遗传产生"超级战士"的进化可能性发表评论。"我同意了接受电话采访,并与该网站的一位记者谈了大约 30 分钟,然后我很快就把整件事忘了。但过了没多久,因为访谈(还有很多和我一样接受采访的学者)被发布在网站上之后,我马上就被来自记者和大量网站的电子邮件轰炸了,这些网站还摘录了一些我都不记得自己说过的陈述：据称，我认为唐纳德·特朗普（Donald Trump）的当选和当时刚到 6 个月的总统任期正在导致人类的进化演变，而且是朝着毫不积极的方向进化。从福克斯新闻（Fox News）叫嚣这是种叛国行为开始，到华盛顿大学的校长和董事会收到的雪片般的信件，再到权威进化论者开了推特（Twitter）账号，并用他们能想到的所有修辞手法，带着不屑一顾的态度，对这一荒谬见解进行了猛烈抨击，[10] 这种集体抵制可太有纪念意义了。对我的投诉之一就是我把科学"政治化"了。说得好像以前从没发生过此事似的。正是由于这点，让我决定要把迈克尔·斯金纳作为本书的受题献者之一。2005 年，他关于农田化学品对进化存在危险的断言，让他备受财大气粗的化学公司操纵的网络舆论的折磨。

　　我坚持认为，在 2017 年和我写作本书的 2018 年，与大约 10 年甚至 5 年前相比，至少美国人和欧洲人的压力在持续增加。可以作为一点证据的是，残暴的恶行——大规模枪击——的次数正在增加，在后文此前未发表的图表中可以看到。

　　我在 *Gizmodo* 网站上的陈述与构成本书关键的论点相辅相成：某些环境因素，无论是物理的还是社会的，可以想见，都能充分提高加诸全世界人们的压力，于是一些表观遗传变化就可能会发生。也许是持续一天的战斗，也许是长达 6 个月的高度紧张的心绪。目前还没有人知道。但我的可行假设是，整个 2016 年和 2017 年，再算上 2018 年，在美国，但也可能在全球其他众多地方，许多人确实生活在一种能强烈感受到紧张的状态中，这种紧张是由迅速变化的社会和物理（环境）世界图景带来的。这里展示的大规模枪击事件的图表应该足以证明，我们正处于人类历史上的一个新时期，在这个时期，我们正在

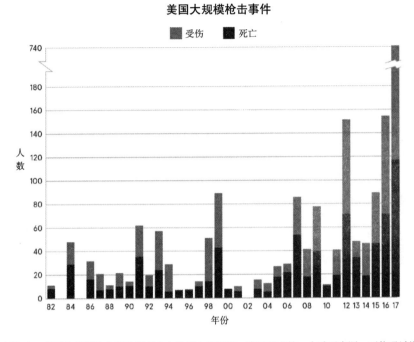

美国大规模枪击事件

■ 受伤　■ 死亡

近年来，美国大规模枪击事件和死亡人数都大幅增加，这是压力的一个重要来源，可能通过增加皮质醇生成而引起进化。①

把中世纪较为古老的野蛮行径与社交媒体和先进且联网的电脑时代的智能手机结合起来，而智能手机可能正在让我们进化。当把智能手机和其他增加压力的来源联系起来（因为智能手机对很多人来说是压力的制造者），观察一代人的 DNA 还有表观基因组将令人很感兴趣。

因此，我们又要回到一项与阿德莱德大学生物学家[11]对大冰期晚期哺乳动物骨骼所做的研究类似的思维实验中去了。阿德莱德的生物学家们进行发掘，然后分析了生活在人类踏足之前的东亚（现西伯利

①图自马克·福尔曼（Mark Follman）和《琼斯夫人》杂志（*Mother Jones*）所创建和维护的数据集。https://www.motherjones.com/politics/2012/12/mass-shootings-mother-jones-full-data.

亚）的动物骨骼化石中的表观遗传标记，并将接触人类前的哺乳动物的结果与更年轻的化石的结果进行了比较，这些化石来自于第一次与人类狩猎者同期生活的猎物物种。至于人类出现前后的食物来源，他们比较了在大冰期晚期麝牛和其他大型食草动物骨骼中发现的与压力相关的表观遗传标记的数量。这些人类入侵者第一次装备了的有着大号燧石枪尖的长矛，这一武器能够杀死大型大冰期哺乳动物。数万年前，正当这些狩猎者向东穿越亚洲之时，他们的出现恰好与压力水平的增量相一致，这一点可以从对它们骨骼的化学研究中得到证明。同样可以肯定的是，这一重大的环境变化势必导致了这些动物的行为变化，在此之前，这些动物还没有被人类猎杀过。

所以我们可以做一个思想实验，关于欧洲入侵者出现之后，美洲原住民的压力是否有所增加。希望永远不要在人骨上做这样的实验，因为这会亵渎早已死去的人。但我确实怀疑横跨北美和南美的欧洲人的初次出现给美洲原住民带来了很大的压力。

我们都听过一些关于动物的故事，它们生活在没有人类的栖息地，第一次与人类接触时也很温顺，起初，这些动物也不觉得人类对它们犹如伊甸园的家园有何威胁。有一部分美国原住民住在北美海岸东南部，在欧洲人到来之前和到来之后几十年他们的相对压力水平无疑可作为比较对象。

在写作本书的这些年里（始于 2014 年），我无数次向各执业心理学家们征询，问了一个与我们自己的时代相关的类似问题：与仅仅五年前相比，他们是否认为他们的病人在与压力相关的问题上，乃至在他们对压力水平的感知上，显示出了真正的增长？虽然这个样本比较小，但在每一个案例中，压力似乎都在近五年间大幅增加。一个更为定量的发现是所谓的"阿片类药物危机"（opiate crisis）：在美国，使用阿片类药物的人口比例至少比二十世纪的任何时候都要高。再加上甲基苯丙胺、大麻和酒精滥用的程度，美国人口正在经历重大行为变化的其他证据就在眼前。

这则小故事的最后，在我后续收到的一些各色记者的提问中，有人问我是否真的相信唐纳德·特朗普当上总统会带来进化上的后果，我回答说，如果希拉里·克林顿（Hillary Clinton）胜出，我相信压力水平也会一样高。是的，我认为现在已经有了潜在的进化后果，尤其是谋杀率（暴力犯罪的一部分）——正如在前一章提到的，结束了二十多年的下降颓势，在过去数年间一直在上升——尚未达到顶峰。我预测，谋杀率将在 2020 年左右达到峰值，然后下降。

如果所有美国人都能神奇地通过测定血清水平来量化他们体内的各种压力分子，以及更快乐和"满足"的分子，如血清素，那么，根据年龄、性别、种族、宗教和财富来划分得到的平均值会是多少呢？

走向未来

本书的目标之一是尽力说明两种截然不同的进化演变的潜在过程：生命史上"远古时代"的地球生物的物理环境变化，以及人类历史上更近期的环境变化，两者的变化速度是地球上生命史的主要驱动力。在人类文明起源、崛起和衰落的过程中，伴随着巨大的"环境"变化所带来的进化后果，可能与小行星撞击或火山喷发导致的进化演变相去无几。然而，对我们人类来说，进化可能更集中于新的行为，而不是新的生物形体构型。

目前，反对可遗传表观遗传学的最重要的几个批评家都正处于他们学术生涯的巅峰时期。通常他们的评述可以总结为一系列的"不，不，不，不可能！"。作为回应，我要引用伟大的阿瑟·查理斯·克拉克[①]（Arthur C. Clarke）的话："如果一位年长而杰出的科学家说某件事是可能的，他几乎不会错，但如果他说那是不可能的，他就很可能是错的。"[12]

　　在地球生命的故事以及人类进化和行为的曲折前行中，表观遗传过程有没有可能是极其重要的呢？

---

①英国作家、发明家，被誉为二十世纪三大科幻小说家之一。其最著名的科幻小说《2001 太空漫游》曾被拍摄成同名电影，亦是科幻电影的经典之作。——译者注

注释

序 内华达的侏罗纪公园

1. 关于"潜移默化的系列",有很多人描述了这个观点,达尔文的理论的立足点是所有的过渡形态都应该能在化石记录中找到。这类参考文献众多,其中之一是 Richard Dawkins, *The Blind Watchmaker: Why the Evidence of Evolution Reveals a Universe Without Design* (New York: W. W. Norton & Company, 2015).

2. Peter Ward and Joe Kirschvink, *A New History of Life: The Radical New Discoveries About the Origins and Evolution of Life on Earth* (New York: Bloomsbury Press, 2015).

3. 同上。

4. Wikipedia, 见词条"Modern Synthesis (20th Century)",最后修改日期为 2018 年 1 月 27 日, en.wikipedia.org/wiki/Modern_synthesis_(20th_century).

5. Thomas S. Kuhn, *The Structure of Scientifc Revolutions*, 2nd ed. (Chicago: University of Chicago Press, 1970).

6. 要进一步了解表观遗传学的定义,此书是一个绝好的开端,Nessa Carey, *The Epigenetics Revolution: How Modern Biology Is Rewriting Our Understanding of Genetics, Disease, and Inheritance* (New York: Columbia University Press, 2012).

引言 回顾历史

1. Jacqueline Howard, "Americans Devote More Than 10 Hours a Day to Screen Time, and Growing", CNN, 2016 年 7 月 29 日 更 新, https://www.cnn.

com/2016/06/30/health/americans-screen-time-nielsen/index.html.

2. Theodosius Dobzhansky, "Nothing in Biology Makes Sense Except in the Light of Evolution," *American Biology Teacher* 35, no. 3 (March 1973): 125–29.

3. 更多基因水平转移的信息，参见 Howard Ochman, Jeffrey G. Lawrence, and Eduardo A. Groisman, "Lateral Gene Transfer and the Nature of Bacterial Innovation," *Nature* 405, no. 6784 (May 2000): 299-304, and J. C. Dunning Hotopp, "Horizontal Gene Transfer Between Bacteria and Animals," *Trends in Genetics* 27, no. 4 (April 2011): 157-63.

4. Eva Jablonka and Marion J. Lamb, *Evolution in Four Dimensions: Genetic, Epigenetic, Behavioral, and Symbolic Variation in the History of Life* (Cambridge, MA: MIT Press, 2005).

5. 关于这点的参考文献有很多。正如 Kirschvink 和我所指出的，这肯定不是第六次大灭绝。它至少是第十次大规模物种灭绝了——如果这还只算一次的话！这方面最早的一本书是我自己的，Peter Ward, *The End of Evolution: On Mass Extinctions and the Preservation of Biodiversity* (New York: Bantam, 1994)，而最新的一本则是 Elizabeth Kolbert, *The Sixth Extinction: An Unnatural History* (New York: Henry Holt, 2014).

6. 关于压力和老鼠的养育子女，参见 Genetic Science Learning Center, "Lick Your Rats," learn.genetics.utah.edu/content/epigenetics/rats；压力和社会环境方面：Kathryn Gudsnuk and Frances A. Champagne, "Epigenetic Influence of Stress and the Social Environment," *ILAR Journal* 53, no. 3-4 (December 2012): 279-88; Gudsnuk and Champagne, "Epigenetic Effects of Early Developmental Experiences," *Clinics in Perinatology* 38, no. 4 (December 2011): 703-17; Champagne, "Epigenetic Influence of Social Experiences Across the Lifespan," *Developmental Psychobiology* 52, no. 4 (2010): 299-311。另可参见 Andreas von Bubnoff, "Does Stress Speed Up Evolution?" *Nautilus*, March 31, 2016, nautil.us/issue/34/adaptation/does-stress-speed-up-evolution.

7. 一个我曾以为是我第一个想出来的思维实验！然而并不是。Dawn Papple, "Epigenetic Inheritance: Holocaust Study Proves What Native Americans Have 'Always Known,' " *Inquisitr*, August 24, 2015, inquisitr.com/2352952/epigenetic-inheritance-holocaust-study-proves-what-native-americans-have-always-known.

第一章　从神明到科学

1. Gregory Bateson, *Steps to an Ecology of Mind: Collected Essays in Anthropology, Psychiatry, Evolution, and Epistemology* (Chicago: University of Chicago Press, 1972), 259.

2. Jean-Baptiste Lamarck, *Philosophie zoologique; ou, Exposition des considérations relatives à l'histoire naturelle des animaux* (Dentu: Paris, 1809).

3. Konrad Guenther, *Darwinism and the Problems of Life; a Study of Familiar Animal Life* (London: A. Owen, 1906); Eva Jablonka and Marion J. Lamb, "The Transformations of Darwinism," chap. 1 in *Evolution in Four Dimensions: Genetic, Epigenetic, Behavioral, and Symbolic Variation in the History of Life* (Cambridge, MA: MIT Press, 2005).

4. Thomas S. Kuhn, *The Structure of Scientifc Revolutions*, 2nd ed. (Chicago: University of Chicago Press, 1970).

5. 同上。

6. Theodosius Dobzhansky, "Nothing in Biology Makes Sense Except in the Light of Evolution," *American Biology Teacher* 35, no. 3 (March 1973): 125–29; Ernst Mayr, *The Growth of Biological Thought: Diversity, Evolution, and Inheritance* (Cambridge, MA: Belknap Press, 1985).

7. 来自带头抨击表观遗传学的批评家 Jerry Coyne ："Is 'Epigenetics' a Revolution in Evolution?" *Why Evolution Is True* (blog), whyevolutionistrue.wordpress.com/2011/08/21/is-epigenetics-a-revolution-in-evolution。甚至就在最近，*New Yorker* 上的一篇文章激起了又一轮对表观遗传学的强烈抗议（Siddhartha Mukherjee, "Same but Different," May 2, 2016），抗议中满是汹涌而出的怒意，在这篇文章中有充分体现 ：Tabitha M. Powledge, "That Mukherjee Piece on Epigenetics in the *New Yorker*," *On Science Blogs*, May 13, 2016, blogs.plos.org/onscienceblogs/2016/05/13/that-mukherjee-piece-on-epigenetics-in-the-new-yorker ；其他例子可参见 ：Mark Ptashne and John Greally, "Researchers Criticize the Mukherjee Piece on Epigenetics: Part 2," *Why Evolution Is True* (blog), May 6, 2016, whyevolutionistrue.wordpress.com/2016/05/06/researchers-criticize-the-mukherjee-piece-on-epigenetics-part-2.

8. Anthony M. Alioto, *A History of Western Science* (Englewood Cliffs, NJ: Prentice Hall, 1987); David C. Lindberg, *The Beginnings of Western Science: The European Scientifc Tradition in Philosophical, Religious, and Institutional Context, 600 b.c. to a.d.*

1450 (Chicago: University of Chicago Press, 1992).

9. Frank Dawson Adams, *The Birth and Development of the Geological Sciences* (Baltimore: Williams & Wilkins, 1938); Peter J. Bowler, *The Earth Encompassed: A History of the Environmental Sciences* (New York: Norton, 2000).

10. James Ussher, *The Annals of the World* (1650); James Barr, "Why the World Was Created in 4004 b.c.: Archbishop Ussher and Biblical Chronology," *Bulletin of the John Rylands* 67 (1984–85): 575–608.

11. 在讲述化石最早是如何被鉴定并用于研究上的作者中，迄今为止最为出色的是 Martin J. S. Rudwick，尤其是他经典之作 *The Meaning of Fossils: Episodes in the History of Palaeontology* (New York: American Elsevier, 1972)，还有他近年的新作 *The New Science of Geology: Studies in the Earth Sciences in the Age of Revolution* (Burlington, VT: Ashgate, 2004); *Lyell and Darwin, Geologists: Studies in the Earth Sciences in the Age of Reform* (Burlington, VT: Ashgate, 2005)；和 *Earth's Deep History: How It Was Discovered and Why It Matters* (Chicago: University of Chicago Press, 2014).

12. Rudwick, *The Meaning of Fossils*.

13. 同上。

14. 同上。

15. Margaret J. Anderson, *Carl Linnaeus: Father of Classifcation* (Springfeld, NJ: Enslow, 1997).

16. 同上。

17. Mayr, *The Growth of Biological Thought*, 330; Otis E. Fellows and Stephen F. Milliken, *Buffon* (New York: Twayne, 1972), 149–54.

18. Georges-Louis Leclerc (Comte de Buffon), *L' Histoire naturelle, générale et particuliére, avec la description du Cabinet du Roi* (Paris: Imprimerie Royale, 1789).

19. Erasmus Darwin, *Phytologia; or, The Philosophy of Agriculture and Gardening* (London: J. Johnson, 1800), 77; Patricia Fara, Erasmus Darwin*: Sex, Science, and Serendipity* (Oxford, England: Oxford University Press, 2012).

20. Erasmus Darwin, *Zoonomia; or, the Laws of Organic Life* (Boston: Thomas and Andrews, 1803), 1:397.

21. 同上；Stephen Foster, "The Decline in Erasmus Darwin's Reputation and His Legacy," *Victorian Web* (blog), November 5, 2016, victorianweb.org/science/edarwin/

reputation.html.

第二章 从拉马克到达尔文

1. Charles Darwin, *On the Origin of Species* (London: John Murray, 1859); Richard W. Burkhardt Jr. "Lamarck, Evolution, and the Politics of Science," *Journal of the History of Biology* 3, no. 2 (September 1970): 275–98; William Coleman, *Biology in the Nineteenth Century: Problems of Form, Function, and Transformation* (Cambridge: Cambridge University Press, 1977).

2. Richard W. Burkhardt Jr., "Lamarck, Evolution, and the Politics of Science," *Journal of the History of Biology* 3, no. 2 (September 1970): 275–98; William Coleman, *Biology in the Nineteenth Century: Problems of Form, Function, and Transformation* (Cambridge: Cambridge University Press, 1977).

3. Ernst Mayr, *The Growth of Biological Thought: Diversity, Evolution, and Inheritance* (Cambridge, MA: Belknap Press, 1985), 356.

4. Georges Cuvier, "Elegy of Lamarck," *Edinburgh New Philosophical Journal* 20 (January 1836): 1–22.

5. Martin J. S. Rudwick, *Georges Cuvier, Fossil Bones, and Geological Catastrophes: New Translations and Interpretations of the Primary Texts* (Chicago: University of Chicago Press, 1998).

6. Stephen Jay Gould, *The Structure of Evolutionary Theory* (Cambridge, MA: Belknap Press, 2002); Ross Honeywill, *Lamarck's Evolution: Two Centuries of Genius and Jealousy* (Sydney: Pier 9, 2008).

7. Martin J. S. Rudwick, *The Meaning of Fossils: Episodes in the History of Paleontology* (New York: American Elsevier, 1972); Rudwick, *Georges Cuvier*.

8. 有一篇不错的总结文章，题为 "Extinctions: Georges Cuvier"，登载在 University of California, Berkeley 极有价值的网站 *Understanding Evolution* 上，evolution.berkeley.edu/evolibrary/article/history_08；亦可参见 Elizabeth Kolbert 在 *New Yorker* 上的重要文章 "The Lost World"，December 16, 2013.

9. Georges Cuvier, *Note on the Species of Living and Fossil Elephants* (Paris: n.p., 1796).

10. Darwin, "On the Geological Succession of Organic Beings: On Extinction," chap.

10 in *On the Origin of Species.*

11. Rudwick, *Georges Cuvier.*

12. 引自 Gould, *Structure of Evolutionary Theory*, 491.

13. Rudwick, *The Meaning of Fossils*; Rudwick, *Georges Cuvier.*

14. 同上。

15. 关于灾变论，参见 Alexander H. Taylor, "Catastrophism," *Foundation of Modern Geology* (blog), publish.illinois.edu/foundationofmoderngeology/catastrophism。该理论在居维叶的时代被人们接受，然后在二十世纪被摒弃，但在本世纪又被重新启用称为"新灾变论"（neo-catastrophism），小行星是恐龙灭绝主要原因的这一发现，在很大程度上支持了新灾变论。参见 Trevor Palmer, *Catastrophism, Neocatastrophism and Evolution* (Nottingham, England: Society for Interdisciplinary Studies/Nottingham Trent University, 1994).

16. Alpheus S. Packard, *Lamarck, the Founder of Evolution: His Life and Work* (New York: Longmans, Green, 1901); Jean-Baptiste Lamarck, *Philosophie zoologique; ou, Exposition des considérations relatives à l' histoire naturelle des animaux* (Paris: Dentu, 1809).

17. Jean-Baptiste Lamarck, *Encyclopédie méthodique: Botanique*, 8 vols. and suppl. (Paris: Panckoucke, 1783–1817). Then: Jean-Baptiste Lamarck, *Système des animaux sans vertèbres; ou, Tableau général des classes, des ordres et des genres de ces animaux ...* (Paris: Detreville, 1801) VIII: 1–432.1815–22; Jean-Baptiste Lamarck *Histoire naturelle des animaux sans vertèbres ... ,* 7 vols. (Paris: Verdière, 1815–22).

18. 同上。

19. 近期发表的一篇关于拉马克主义新气象的优秀总结，参见 Emily Singer, "A Comeback for Lamarckian Evolution?" *MIT Technology Review*, February 4, 2009, www.technologyreview.com/s/411880/a-comeback-for-lamarckian-evolution。此外，还有一篇关于现代生物学如何继续误引和诋毁拉马克及其研究的重要总结，参见 Michael T. Ghiselin, "The Imaginary Lamarck: A Look at Bogus 'History' in Schoolbooks," *Textbook Letter*, September–October 1994, textbookleague.org/54marck.htm。以及最后：Eva Jablonka and Marion J. Lamb, *Evolution in Four Dimensions: Genetic, Epigenetic, Behavioral, and Symbolic Variation in the History of Life* (Cambridge, MA: MIT Press, 2005). 另参见：Dan Graur, Manolo Gouy, and David Wool, "In Retrospect: Lamarck's Treatise at 200," *Nature* 460, no. 7256 (August 2009): 688-89; Richard W. Burkhardt

Jr., *The Spirit of System: Lamarck and Evolutionary Biology* (Cambridge, MA: Harvard University Press, 1995).

第三章 从达尔文到新（现代）综论

1. David Lack, "Evolution of the Galapagos Finches," *Nature* 146, no. 3697 (September 1940): 324-27. 但讽刺，讽刺，太讽刺了！参见本书的受题献者之一 Michael Skinner 参与撰写的惊人新作：Sabrina M. McNew et al., "Epigenetic Variation Between Urban and Rural Populations of Darwin's Finches," *BMC Evolutionary Biology* 17, no. 1 (2017): doi.org/10.1186/s12862-017-1025-9.

2. Charles Darwin, The Variation of Animals and Plants Under Domestication, 2 vols. (London: John Murray, 1868).

3. Thomas Malthus, *An Essay on the Principle of Population* . . . (London: J. Johnson, 1798); see also Adrian Desmond and James Moore, *Darwin* (London: Penguin, 1992).

4. Malthus, *An Essay on the Principle of Population*, 44.

5. 我已故的令人怀念的朋友 Steve Gould 在他漫长的职业生涯里写就了一本终极之书，巨细靡遗地考察了这一概念：Stephen Jay Gould, *The Structure of Evolutionary Theory* (Cambridge, MA: Belknap Press, 2002).

6. 同上。

7. Richard Burkhardt Jr. "Lamarck, Evolution and Inheritance of Acquired Characters," *Genetics* 194 (2013): 793–805.

8. 来自拉马克 1803 年 5 月在巴黎的法国国家自然历史博物馆发表的演讲。

9. Desmond and Moore, *Darwin*.

10. Charles Doolittle Walcott, "Searching for the First Forms of Life," lecture, c. 1892–1894, quoted in Stephen Jay Gould, *Wonderful Life: The Burgess Shale and the Nature of History* (New York: W. W. Norton Co., 1989).

11. Charles Darwin, *On the Origin of Species* (London: John Murray, 1859).

12. Darwin, "Recapitulation and Conclusion: Recapitulation," chap. 14 in *On the Origin of Species*.

13. George Gaylord Simpson, *The Major Features of Evolution* (New York: Columbia University Press, 1953), 360.

14. George Gaylord Simpson, *Tempo and Mode in Evolution*, rev. ed. (New York: Columbia University Press, 1984); George Gaylord Simpson, *The Meaning of Evolution* (New York: Mentor, 1951). 另见 Jay D. Aronson, "'Molecules and Monkeys': George Gaylord Simpson and the Challenge of Molecular Evolution," *History and Philosophy of the Life Sciences* 24, nos. 3-4 (2002): 441–65，还有我朋友 Léo Laporte 的杰出研究：Léo F. Laporte, "Simpson on Species," *Journal of the History of Biology* 27, no. 1 (March 1994): 141-59.

15. Frank Fenner and I. D. Marshall, "A Comparison of the Virulence for European rabbits (*Oryctolagus cuniculus*) of Strains of Myxoma Virus Recovered in the Field in Australia, Europe and America," *Journal of Hygiene* 55, no. 2 (June 1957): 149–91.

16. 关于异域成种，参见 Nelson R. Cabej, "Species and Allopatric Speciation," in *Epigenetic Principles of Evolution* (Waltham, MA: Elsevier, 2012), 707-23.

17. 关于二十一世纪开始显现的犹疑，参见 Eugene V. Koonin, "The Origin at 150: Is a New Evolutionary Synthesis in Sight?" *Trends in Genetics* 25, no. 11 (November 2009): 473-75；以及 Eugene V. Koonin, *The Logic of Chance: The Nature and Origin of Biological Evolution* (Upper Saddle River, NJ: FT Press, 2011). 更多异域成种的信息，参见 Jerry A. Coyne and H. Allen Orr, *Speciation* (Sunderland, MA: Sinauer Associates, 2004), 83-124; Michael Turelli, Nicholas H. Barton, and Jerry A. Coyne "Theory and Speciation," *Trends in Ecology & Evolution* 16 no. 7 (August 2001): 330-43; H. Allen Orr and Lynne H. Orr "Waiting for Speciation: The Effect of Population Subdivision on the Time to Speciation," *Evolution* 50, no. 5 (October 1996): 1742-49.

18. Walter Sullivan, "Luis W. Alvarez, Nobel Physicist Who Explored Atom, Dies at 77," *New York Times*, September 2, 1988.

19. 被其他很多作家提及的令人大开眼界的一件事是，Eldredge 和 Gould 关于间断平衡的最初的科学定义是发表在一本只有古生物学家才能看到的书上：Niles Eldredge and Stephen Jay Gould, "Punctuated Equilibria: An Alternative to Phyletic Gradualism," in *Models in Paleobiology*, ed. Thomas J. M. Schopf (San Francisco: Freeman Cooper, 1972), 82-115. 不久之后，出现了一个新版本：Stephen Jay Gould and Niles Eldredge, "Punctuated Equilibria: The Tempo and Mode of Evolution Reconsidered," *Paleobiology* 3, no. 2 (Spring 1977): 115-51. 该版本之后在 Niles Eldredge 的论文中被转载：Niles Eldredge, *Time Frames: The Rethinking of Darwinian Evolution and the Theory of Punctuated Equilibria* (New York: Simon & Schuster, 1985),

193-223. 但这一假说如此有力，以至于超越了古生物学领域的界限，外延到了进化学领域，并产生了其他方面的影响：Francisco J. Ayala, "The Structure of Evolutionary Theory: On Stephen Jay Gould's Monumental Masterpiece," Theology and Science 3, no. 1 (2005): 104.

20. Gould and Eldredge, "Punctuated Equilibria."

21. Stephen Jay Gould, "Evolution's Erratic Pace," Natural History 86 (May 1977).

22. Koonin, "The Origin at 150"; and Koonin, The Logic of Chance.

23. Eva Jablonka 是"软遗传"最有影响力的支持者，对其观点有一篇很好的介绍文章：Laurence A. Moran, "Extending Evolutionary Theory?—Eva Jablonka," Sandwalk (blog), October 2, 2016, sandwalk.blogspot.com/2016/10/extending-evolutionary-theory-eva.html；关于表观遗传学新领域如何作用于进化论，有不少总结文章，这篇是最具影响力的：Eugene V. Koonin and Yuri I. Wolf, "Is Evolution Darwinian or/and Lamarckian?" Biology Direct 4, no. 42 (2009): oi.org/10.1186/1745-6150-4-42.

第四章　表观遗传学和更新版新综论

1. Bruce Saunders and Peter Ward, "Sympatric Occurrence of Living Nautilus (N. Pompilius and N. Stenomphalus) on the Great Barrier Reef, Australia," Nautilus 101, no. 4 (1987): 188–93.

2. Lauren E. Vandepas, Frederick D. Dooley, Gregory J. Barord, Billie J. Swalla, and Peter D. Ward, "A Revisited Phylogeography of Nautilus Pompilius," Ecology and Evolution 6, no. 14 (July 2016): 4924–35.

3. Thomas H. Clarke Jr., "The Columbian and Woolly Mammoth May Be One Highly Variable Species," LexisNexis Legal Newsroom: Environmental (blog), January 21, 2012, lexisnexis.com/legalnewsroom/environmental/b/fshwildlife/archive/2012/01/21/the-columbian-and-woolly-mammoth-may-be-one-highly-variable-species.aspx?.

4. Eva Jablonka and Marion J. Lamb, Evolution in Four Dimensions: Genetic, Epigenetic, Behavioral, and Symbolic Variation in the History of Life (Cambridge, MA: MIT Press, 2005); Eva Jablonka and Marion J. Lamb, "Epigenetic Inheritance in Evolution," Journal of Evolutionary Biology 11, no. 2 (March 1998): 159–83.

5. Eugene V. Koonin and Yuri I. Wolf, "Is Evolution Darwinian or/and Lamarckian?" *Biology Direct* 4, no. 42 (2009): oi.org/10.1186/1745-6150-4-42.; see also Eva Jablonka, "Epigenetic Inheritance and Plasticity: The Responsive Germline," *Progress in Biophysics and Molecular Biology* 111, no. 2–3 (April 2013): 99–107.

6. C. H. Waddington, "The Basic Ideas of Biology," in *Towards a Theoretical Biology: Prolegomena*, ed. C. H. Waddington (Edinburgh: Edinburgh University Press, 1968), 1–32.

7. Michael Turelli, Nicholas H. Barton, and Jerry A. Coyne "Theory and Speciation," *Trends in Ecology & Evolution* 16, no. 7 (August 2001): 330-43. 与该文形成鲜明对照的是：Catherine M. Suter, Dario Boffelli, and David I. K. Martin, "A Role for Epigenetic Inheritance in Modern Evolutionary Theory? A Comment in Response to Dickins and Rahman," *Proceedings of the Royal Society B: Biological Sciences* 280, no. 1771 (November 2013): doi:10.1098/rspb.2013.0903.

8. Genetic Science Learning Center, "Lick Your Rats," learn.genetics.utah.edu / content/epigenetics/rats.

9. Ian C. G. Weaver et al., "Epigenetic Programming by Maternal Behavior," *Nature Neuroscience* 7 (2004): 847–54.

10. Elizabeth J. Duncan, Peter D. Gluckman, and Peter K. Dearden, "Epigenetics, Plasticity and Evolution: How Do We Link Epigenetic Change to Phenotype?" *Journal of Experimental Zoology Part B: Molecular and Developmental Evolution* 322, no. 4 (June 2014): 208–20; Rodrigo S. Galhardo, P. J. Hastings, and Susan M. Rosenberg, "Mutation as a Stress Response and the Regulation of Evolvability," *Critical Reviews in Biochemistry and Molecular Biology* 42, no. 5 (2007): 399–435; Susan M. Rosenberg, "Mutation for Survival," *Current Opinion in Genetics and Development* 7, no. 6 (December 1997): 829–34.

11. Dan Graur, Manolo Gouy, and David Wool, "In Retrospect: Lamarck's Treatise at 200," *Nature* 460, no. 7256 (August 2009): 688–89; Richard W. Burkhardt Jr., *The Spirit of System: Lamarck and Evolutionary Biology* (Cambridge, MA: Harvard University Press, 1995).

12. Francis Crick, "Central Dogma of Molecular Biology," *Nature* 227, no. 5258 (August 1970): 561–63.

13. Nessa Carey, *The Epigenetics Revolution: How Modern Biology Is Rewriting*

Our Understanding of Genetics, Disease, and Inheritance (New York: Columbia University Press, 2012).

14. 同上。

15. Koonin and Wolf, "Is Evolution Darwinian or/and Lamarckian?"

16. Jean Gayon, "From Mendel to Epigenetics: History of Genetics," *Comptes Rendus Biologies* 339, no. 7–8 (August 2016): 225–30.

17. Sander Gliboff, "'Protoplasm . . . Is Soft Wax in Our Hands' : Paul Kammerer and the Art of Biological Transformation," *Endeavour* 29, no. 4 (December 2005): 162–67; Alexander O. Vargas, "Did Paul Kammerer Discover Epigenetic Inheritance? A Modern Look at the Controversial Midwife Toad Experiments," *Journal of Experimental Zoology Part B: Molecular and Developmental Evolution* 312B, no. 7 (November 2009): 667–78.

18. Zhores A. Medvedev, *The Rise and Fall of T. D. Lysenko*, trans. I. Michael Lerner (New York: Columbia University Press, 1969).

19. Koonin and Wolf, "Is Evolution Darwinian or/and Lamarckian?"

20. Jean-Baptiste Lamarck, *Philosophie zoologique; ou, Exposition des considérations relatives à l' histoire naturelle des animaux* (Paris: Dentu, 1809).

21. Mark A. Rothstein, Yu Cai, and Gary E. Merchant, "The Ghost in Our Genes: Legal and Ethical Implications of Epigenetics," *Health Matrix* 19, no. 1 (Winter 2009): 1–62.

22. John van der Oost et al., "CRISPR-Based Adaptive and Heritable Immunity in Prokaryotes," *Trends in Biochemical Sciences* 34, no. 8 (2009): 401–7.

23. Gene W. Tyson and Jillian F. Banfeld, "Rapidly Evolving CRISPRs Implicated in Acquired Resistance of Microorganisms to Viruses," *Environmental Microbiology* 10, no. 1 (January 2008): 200–7.

24. Rotem Sorek, Victor Kunin, and Philip Hugenholtz, "CRISPR—a Widespread System That Provides Acquired Resistance Against Phages in Bacteria and Archaea," *Nature Reviews Microbiology* 6, no. 3 (March 2008): 181–86.

25. Alex Reis et al., "CRISPR/Cas9 and Targeted Genome Editing: A New Era in Molecular Biology," New England BioLabs, www.neb.com/tools-and-resources /feature-articles/crispr-cas9-and-targeted-genome-editing-a-new-era-in -molecular-biology.

26. 同上。

27. Jablonka and Lamb, *Evolution in Four Dimensions*; Jablonka and Lamb,

"Epigenetic Inheritance in Evolution," *Journal of Evolutionary Biology* 11, no. 2 (March 1998): 159–83.

28. Rebecca M. Terns and Michael P. Terns, "CRISPR-Based Technologies: Prokaryotic Defense Weapons Repurposed," *Trends in Genetics* 30, no. 3 (March 2014): 111–18; Eugene V. Koonin and Yuri I. Wolf, "Genomics of Bacteria and Archaea: The Emerging Dynamic View of the Prokaryotic World," *Nucleic Acids Research* 36, no. 21 (December 2008): 6688–719.

29. Ewen Callaway, "Fearful Memories Haunt Mouse Descendants," *Nature News*, December 1, 2013, nature.com/news/fearful-memories-haunt-mouse-descen dants-1.14272.

30. Paul Kammerer, *The Inheritance of Acquired Characteristics* (New York: Boni & Liveright, 1924).

31. Nathaniel Scharping, "How a Russian Scientist Bred the First Domesticated Foxes," *Discover*, September 14, 2016.

32. Francesca Pacchierotti and Marcello Spanò, "Environmental Impact on DNA Methylation in the Germline: State of the Art and Gaps of Knowledge," *Biomed Research International* (2015).

第五章　最美好的时代，最糟糕的时代——远古时代

1. 关于提塔利克鱼，参见 Edward B. Daeschler, Neil H. Shubin, and Farish A. Jenkins Jr., "A Devonian Tetrapod-Like Fish and the Evolution of the Tetrapod Body Plan," *Nature* 440, no. 7085 (April 2006): 757-63. II.

2. 这一关于表观遗传变化能比严格的达尔文式的变化快多少的"估计"只是一个估计。但被各类文章引用的这个速率确实是惊人的。参见 Jenny Rood, "Estimating Epigenetic Mutation Rates," *Scientist*, May 11, 2005, the-scientist.com/?articles.view/ articleNo/42948/title/Estimating-Epigenetic-Mutation-Rates; "Researchers Obtain Precise Estimates of the Epigenetic Mutation Rate," *Phys.org*, May 11, 2015, phys.org/news/2015-05-precise-epigenetic-mutation.html.

3. Yuan-Ye Zhang et al., "Epigenetic Variation Creates Potential for Evolution of Plant Phenotypic Plasticity," *New Phytologist* 197, no. 1 (January 2013): 314–22.;

Daniel Nätt et al., "Heritable Genome-Wide Variation of Gene Expression and Promoter Methylation Between Wild and Domesticated Chickens," *BMC Genomics* 13 (2012): doi: 10.1186/1471-2164-13-59.

4. 进化速率是古生物学和一代代进化理论的重要主题。随着我们对表观遗传学有了新认识，对这些主题中的大部分也需要进行反思。而整个"缺失"问题正在被重新审视：William B. Miller Jr., "What Is the Big Deal About Evolutionary Gaps?" in *The Microcosm Within: Evolution and Extinction in the Hologenome* (Boca Raton, FL: Universal-Publishers, 2013), 177, 395-96; "Fastest Evolving Creature Is 'Living Dinosaur,'" *Live Science*, March 25, 2008, livescience.com/2396-fastest-evolving-creature-living-dinosaur.html.

5. 所有这些都在另一本书中有详细讨论：Peter Ward and Joe Kirschvink, *A New History of Life: The Radical New Discoveries About the Origins and Evolution of Life on Earth* (New York: Bloomsbury Press, 2015).

6. Vincent Courtillot, "True Polar Wander," in *Encyclopedia of Geomagnetism and Paleomagnetism*, ed. David Gubbins and Emilio Herrero-Bervera (2007 edition), link. springer.com/referenceworkentry/10.1007%2F978-1-4020-4423 -6_308.

7. Joseph L. Kirschvink, "Late Proterozoic Low-Latitude Global Glaciation: The Snowball Earth," in *The Proterozoic Biosphere: A Multidisciplinary Study*, ed. J. William Schopf and Cornelius Klein (Cambridge: Cambridge University Press, 1992), 51–52; Frank A. Corsetti, Stanley M. Awramik, and David Pierce, "A Complex Microbiota from Snowball Earth Times: Microfossils from the Neoproterozoic Kingston Peak Formation, Death Valley, USA," *Proceedings of the National Academy of Sciences of the United States of America* 100, no. 8 (April 2003): 4399–4404; Paul F. Hoffman and Daniel P. Schrag, "The Snowball Earth Hypothesis: Testing the Limits of Global Change," *Terra Nova* 14, no. 3 (June 2002): 129–55.

8. Tjeerd H. van Andel, *New Views on an Old Planet: A History of Global Change*, 2nd ed. (Cambridge: Cambridge University Press, 1994); see also a highly readable article in *New Scientist*: Michael Marshall, "The History of Ice on Earth," May 24, 2010, www. newscientist.com/article/dn18949-the-history-of-ice -on-earth.

第六章 表观遗传学和生命的起源及多样化

1. Peter Ward, *Life as We Do Not Know It: The NASA Search for (and Synthesis of) Alien Life* (New York: Viking, 2005).

2. W. Ford Doolittle, "Lateral Genomics," *Trends in Cell Biology* 9, no. 12 (December 1999): M5–8; W. Ford Doolittle and Olga Zhaxybayeva, "On the Origin of Prokaryotic Species," *Genome Research* 19, no. 5 (May 2009): 744– 56; Eugene V. Koonin, Kira S. Makarova, and L. Aravind, "Horizontal Gene Transfer in Prokaryotes: Quantifcation and Classifcation," *Annual Review of Microbiology* 55 (October 2001): 709–42; J. Peter Gogarten and Jeffrey P. Townsend, "Horizontal Gene Transfer, Genome Innovation and Evolution," *Nature Reviews Microbiology* 3, no. 9 (September 2005): 679–87.

3. Rotem Sorek, Victor Kunin, and Philip Hugenholtz, "CRISPR—a Widespread System That Provides Acquired Resistance Against Phages in Bacteria and Archaea," *Nature Reviews Microbiology* 6, no. 3 (March 2008): 181–86.

4. Ward, *Life as We Do Not Know It*.

5. Centers for Disease Control and Prevention "Parasites—*Giardia*," cdc.gov/para sites/giardia/general-info.html.

6. "What Does It Take to Kill a Waterbear (Tardigrade)?" *Quora*, www.quora.com / What-does-it-take-to-kill-a-waterbear-tardigrade.

7. Paul Davies, *The Fifth Miracle: The Search for the Origin and Meaning of Life* (New York: Simon & Schuster, 1999).

8. Ward, *Life as We Do Not Know It*.

9. Jason Daley, "Behold LUCA, the Last Universal Common Ancestor of Life on Earth," SmartNews (blog), Smithsonian.com, July 26, 2017, smithsonianmag.com/smart-news/behold-luca-last-universal-common-ancestor-life-earth-180959915.

10. Michael Le Page, "Universal Ancestor of All Life on Earth Was Only Half Alive," *New Scientist*, July 25, 2016, newscientist.com/article/2098564-universal -ancestor-of-all-life-on-earth-was-only-half-alive.

11. Charles Darwin to J. D. Hooker, February 1, 1871, Darwin Correspondence Project, https://www.darwinproject.ac.uk/letter/DCP-LETT-7471.xml.

12. 最小基因数目的报道见下：Tina Hesman Saey, "Genes: How Few Needed for Life?" *Science News for Students*, April 5, 2016, www.sciencenewsforstudents.org/article/

genes-how-few-needed-life.

13. Denyse O'Leary, "Life Continues to Ignore What Evolution Experts Say," *Evolution News*, September 9, 2015, evolutionnews.org/2015/09/life_forms_cont; Gogarten and Townsend, "Horizontal Gene Transfer, Genome Innovation and Evolution"; Csaba Pál, Balázs Papp, and Martin J. Lercher, "Adaptive Evolution of Bacterial Metabolic Networks by Horizontal Gene Transfer," *Nature Genetics* 37, no. 12 (December 2005): 1372–75.

14. Sir Archibald Geikie, "Lecture IV: Hutton's Fundamental Doctrines" and "Lecture VI: Lyell," *The Founders of Geology* (New York: Macmillan, 1897), 168, 281.

15. Wikipedia, 见词条 "Circular Bacterial Chromosome", 最后修改日期为 2017 年 12 月 18 日, en.wikipedia.org/wiki/Circular_bacterial_chromosome.

16. Eugene V. Koonin and Yuri I. Wolf, "Genomics of Bacteria and Archaea: The Emerging Dynamic View of the Prokaryotic World," *Nucleic Acids Research* 36, no. 21 (December 2008): 6688–719.

17. Anthony M. Poole, "Horizontal Gene Transfer and the Earliest Stages of the Evolution of Life," *Research in Microbiology* 160, no. 7 (September 2009): 473–80.

18. Jürgen Brosius, "Gene Duplication and Other Evolutionary Strategies: From the RNA World to the Future," *Journal of Structural and Functional Genomics* 3, nos. 1–4 (March 2003): 1–17.

19. Lynn Margulis, *Symbiosis in Cell Evolution: Life and Its Environment on the Early Earth* (Freeman: San Francisco, 1981); Maureen A. O'Malley, "Endosymbiosis and Its Implications for Evolutionary Theory," *Proceedings of the National Academy of Sciences of the United States of America* 112, no. 33 (August 2015), 10270–77.

20. Lynn Margulis, "Symbiogenesis and Symbionticism," *Symbiosis as a Source of Evolutionary Innovation: Speciation and Morphogenesis*, eds. Lynn Margulis and René Fester (Cambridge, MA: MIT Press, 1991), 1–13.

21. John Maynard Smith, "A Darwinian View of Symbiosis," *Symbiosis as a Source of Evolutionary Innovation: Speciation and Morphogenesis*, eds. Lynn Margulis and René Fester (Cambridge, MA: MIT Press, 1991), 26–39.

22. Nick Lane, *Life Ascending: The Ten Great Inventions of Evolution* (New York: W. W. Norton, 2009), 106.

23. "It Takes Teamwork: How Endosymbiosis Changed Life on Earth," Understanding

Evolution, evolution.berkeley.edu/evolibrary/article/endosymbiosis_01.

第七章　表观遗传学和寒武纪大爆发

1. Douglas H. Erwin and James W. Valentine, *The Cambrian Explosion: The Construction of Animal Biodiversity* (Greenwood Village, CO: Roberts, 2013), 413.

2. 关于神创论者和寒武纪大爆炸，参见 "Does the Cambrian Explosion Pose a Challenge to Evolution?" *BioLogos*, biologos.org/common-questions/scientific-evidence/cambrian-explosion; David Campbell and Keith B. Miller, "The 'Cambrian Explosion': A Challenge to Evolutionary Theory?" in *Perspectives on an Evolving Creation*, ed. Keith B. Miller (Grand Rapids, MI: William B. Eerdmans, 2003), 182-204.

3. 关于达尔文和寒武纪大爆炸的出发点，参见 Martin J. S. Rudwick, *The Meaning of Fossils: Episodes in the History of Paleontology* (New York: American Elsevier, 1972); Martin J. S. Rudwick, *Georges Cuvier, Fossil Bones, and Geological Catastrophes: New Translations and Interpretations of the Primary Texts* (Chicago: University of Chicago Press, 1998); James W. Valentine, *On the Origin of Phyla* (Chicago: University of Chicago Press, 2004).

4. Simon Conway Morris, *The Crucible of Creation: The Burgess Shale and the Rise of Animals* (Oxford, England: Oxford University Press, 1998).

5. 关于 Charles Marshall 和运动能力，参见 "Anima Interaction Behind 'Cambrian Explosion'?" *Harvard Gazette*, May 1, 2008, news.harvard.edu/gazette/story/2008/05/animal-interaction-behind-cambrian-explosion.

6. Simona Ginsburg and Eva Jablonka, "The Evolution of Associative Learning: A Factor in the Cambrian Explosion," *Journal of Theoretical Biology* 266, no 1 (September 2010): 11–20.

7. Andrew Parker, *In the Blink of an Eye: How Vision Sparked the Big Bang of Evolution* (New York: Basic Books, 2004) .

8. Chris Phoenix, "Cellular Differentiation as a Candidate 'New Technology' for the Cambrian Explosion," *Journal of Evolution and Technology* 20, no. 2 (November 2009): 43–48.

9. Gáspár Jékely, Jordi Paps, and Claus Nielsen, "The Phylogenetic Position of

Ctenophores and the Origin(s) of Nervous Systems," *EvoDevo* 6, no. 1 (January 2015): doi.org/10.1186/2041-9139-6-1.

10. Michael E. Baker, John W. Funder, and Stephanie R. Kattoula, "Evolution of Hormone Selectivity in Glucocorticoid and Mineralocorticoid Receptors," *Journal of Steroid Biochemistry and Molecular Biology* 137 (September 2013): 57–70; Joseph W. Thornton, "Evolution of Vertebrate Steroid Receptors from an Ancestral Estrogen Receptor by Ligand Exploitation and Serial Genome Expan sions," Proceedings of the National Academy of Sciences of the United States of America 98, no. 10 (May 2001): 5671–76.

11. 关于刺胞动物之后的单向细胞分化，参见 Detlev Arendt et al., "The Evolution of Nervous System Centralization," *Philosophical Transactions of the Royal Society B: Biological Sciences* 363, no. 1496 (April 2008): 1523-28。另见关于干细胞及其工作机制的综述：Sa Cai, Xiaobing Fu, and Zhiyong Sheng, "Dedifferentiation: A New Approach in Stem Cell Research," *BioScience* 57, no. 8 (September 2007): 655-62.

12. 历史悠久的科学出版物 *Nature* 网罗了大量对肠—脑轴线及其工作原理进行全面评论的重要综述：nature.com/collections/dyhbndhpzv.

13. R. M. Nesse, S. Bhatnagar, and E. A. Young, "Evolutionary Origins and Functions of the Stress Response," in *Encyclopedia of Stress*, 2nd ed., ed. George Fink (Waltham, MA: Academic Press, 2007), 965–70.

14. 关于皮质醇在人胚胎发育中的重要作用，参见 Elysia Poggi Davis and Curt A. Sandman, "The Timing of Prenatal Exposure to Maternal Cortisol and Psychosocial Stress Is Associated with Human Infant Cognitive Development," *Child Development* 81, no. 1 (January/February 2010): 131-48.

15. 关于压力源和表观遗传学，参见 Richard G. Hunter et al., R. Gagnidze, K. B. and D. Pfaff, "Stress and the Dynamic Dynamic Genome: Steroids, Epigenetics, and the Transposome," *Proceedings of the National Academy of Sciences of the United States of America* 112, no. 22 (June 2015): 6828-833.

第八章　大灭绝前后的表观遗传过程

1. J. John Sepkoski, "Mass Extinctions in the Phanerozoic Oceans: A Review," *Geological Society America*, Special Paper 190 (January 1982): 283-89; Peter D. Ward, *On*

Methuselah's Trail: Living Fossils and the Great Extinctions (New York: W. H. Freeman, 1992). David M. Raup 的书中有进一步的探索：David M. Raup, *The Nemesis Affair: A Story of the Death of Dinosaurs and the Ways of Science* (New York: W. W. Norton, 1986); Paul S. Martin and Richard G. Klein, eds., *Quaternary Extinctions: A Prehistoric Revolution* (Tucson: University of Arizona, 1984); Luis W. Alvarez et al., "Extraterrestrial Cause for the Cretaceous-Tertiary Extinction," *Science* 208, no. 4448 (June 1980): 1095-1108; Rick Gore, "Extinctions," *National Geographic*, June 1989: 663-99; David M. Raup, *Extinction: Bad Genes or Bad Luck?* (New York: W. W. Norton, 1991); Peter M. Sheehan et al., "Sudden Extinction of the Dinosaurs: Latest Cretaceous, Upper Great Plains, U.S.A.," *Science* 254, no. 5033 (November 1991): 835-39; Jeff Hecht, "Asteroidal Bombardment Wiped Out the Dinosaurs," *New Scientist*, April 17,1993, newscientist.com/article/mg13818692-200-science-asteroidal-bombardment-wiped-out-the-dinosaurs.

2. 关于西伯利亚暗色岩和二叠纪—三叠纪大灭绝，参见 Becky Oskin, "Earth's Greatest Killer Finally Caught," *Live Science*, December 12, 2013, livescience.com/41909-new-clues-permian-mass-extinction.html; S. D. Burgess, J. D. Muirhead, and S. A. Bowring, "Initial Pulse of Siberian Traps Sills as the Trigger of the End-Permian Mass Extinction," *Nature Communications* 8 (July 2017): doi:10.1038/s41467-017-00083-9.

3. Peter Ward and Joe Kirschvink, *A New History of Life: The Radical New Discoveries About the Origins and Evolution of Life on Earth* (New York: Bloomsbury Press, 2015).

4. Peter Ward, *The End of Evolution: On Mass Extinctions and the Preservation of Biodiversity* (New York: Bantam, 1994); Edward O. Wilson, *The Diversity of Life* (Cambridge, MA: Harvard University Press, 1992).

5. 大灭绝之母：Kristina Lapp, "The Mother of All Extinctions," *Actuality* (blog), August 22, 2010, actualityscience.blogspot.com/2010/07/mother-of-all-extinctions.html.

6. David M. Raup and J. John Sepkoski Jr., "Mass Extinctions in the Marine Fossil Record," *Science* 215, no. 4539 (March 1982): 1501–3.

7. Daniel H. Rothman et al., "Methanogenic Burst in the End-Permian Carbon Cycle," *Proceedings of the National Academy of Sciences of the United States of America* 111, no. 15 (April 2014): 5462–67.

8. 同上。

9. 近期发表于 *Atlantic* 的一篇文章精彩地总结了狗的进化：Ed Yong, "A New

Origin Story for Dogs," June 2, 2016.

10. Daniel Nätt et al., "Heritable Genome-Wide Variation of Gene Expression and Promoter Methylation Between Wild and Domesticated Chickens," *BMC Genomics* 13 (2012): doi: 10.1186/1471-2164-13-59.

11. Jinxiu Li et al., "Genome-Wide DNA Methylome Variation in Two Genetically Distinct Chicken Lines Using MethylC-seq," *BMC Genomics* 16 (2015): doi: 10 .1186/ s12864-015-2098-8; Cencen Li et al., "Molecular Microevolution and Epigenetic Patterns of the Long Non-coding Gene *H19* Show Its Potential Function in Pig Domestication and Breed Divergence," *BMC Evolutionary Biology* 16 (2006): doi: 10.1186/s12862-016-0657-5.

12. Peter Ward and Alexis Rockman, *Future Evolution: An Illuminated History of Life to Come* (New York: W.H. Freeman, 2001).

13. Peter Ward, *Gorgon: Paleontology, Obsession, and the Greatest Catastrophe in Earth's History* (New York: Viking, 2004).

第九章　人类历史上最美好和最糟糕的时代

1. Richard D. Alexander, *How Did Humans Evolve? Re ections on the Uniquely Unique Species* (Ann Arbor, MI: Museum of Zoology, University of Michigan); Mark V. Flinn, David C. Geary, and Carol V. Ward, "Ecological Dominance, Social Competition, and Coalitionary Arms Races: Why Humans Evolved Extraordinary Intelligence," *Evolution and Human Behavior* 26, no. 1: 10–46; Donald C. Johanson and Kate Wong, *Lucy's Legacy: The Quest for Human Origins* (New York: Three Rivers Press, 2010).

2. Carl Zimmer, "Siberian Fossils Were Neanderthals' Eastern Cousins, DNA Analysis Reveals," *New York Times*, December 22, 2010; David Reich et al., "Genetic History of an Archaic Hominin Group from Denisova Cave in Siberia," *Nature* 468, no. 1012 (December 2010): 1053–60.

3. M. H. Wolpoff et al., "Modern Human Origins," *Science* 241, no. 4867 (August 1998): 772–74; Ian Tattersall and Jeffrey H. Schwartz, "Hominids and Hybrids: The Place of Neanderthals in Human Evolution," *Proceedings of the National Academy of Sciences of the United States of America* 96, no. 13 (June 1999): 7117–19.

4. 关于认知革命，参见 www.sciencedirect.com/topics/neuroscience/cognitive-revolution; Yuval Noah Harari, *Sapiens: A Brief History of Humankind* (New York: HarperCollins, 2015).

5. 同上；Erin Wayman, "Why Did the Human Mind Evolve to What It Is Today?" *Smithsonian.com*, June 25, 2012, smithsonianmag.com/science-nature/when-did-the-human-mind-evolve-to-what-it-is-today-140507905.

6. 关于多巴火山爆发，参见 Marie D. Jones and John Savino, *Supervolcano: The Catastrophic Event That Changed the Course of Human History* (Franklin, NJ: Career Press, 2007), 140; C. A. Chesner et al., "Eruptive History of Earth's Largest Quaternary Caldera (Toba, Indonesia) Clarified," *Geology* 19, no. 3 (March 1991): 200-203.

7. Stanley H. Ambrose, "Late Pleistocene Human Population Bottlenecks, Volcanic Winter, and Differentiation of Modern Humans," *Journal of Human Evolution* 34, no. 6 (June 1998): 623–51; Michael R. Rampino and Stanley H. Ambrose, "Volcanic Winter in the Garden of Eden: The Toba Supereruption and the Late Pleistocene Human Population Crash," *Special Paper of the Geological Society of America* 345 (2000): doi: 10.1130/0-8137-2345-0.71; Michael R. Rampino and Stephen Self, "Climate-Volcanism Feedback and the Toba Eruption of ~74,000 Years Ago," *Quaternary Research* 40, no. 3 (November 1993): 269–80.

8. 关于第二次认知革命和洞穴壁画的出现，参见 Alexandra Kiely, "The Origin of the World's Prehistoric Cave Painting," *HeadStuff History* (blog), September 12, 2016, www.headstuff.org/history/origin-worlds-art-prehistoric-cave-painting; Harari, *Sapiens*.

9. Wayman, "Why Did the Human Mind Evolve to What It Is Today?"; Klein, R. G. & Edgar, B. (2002) *The Dawn of Human Culture* (Wiley, New York, 2002); Gregory Curtis, *The Cave Painters: Probing the Mysteries of the World's First Artists* (New York: Alfred A. Knopf, 2006).

10. Maina Kiarie, "Enkapune Ya Muto," *Enzi*, enzimuseum.org/peoples-cultures / your-genetic-history.

11. S. V. Zhenilo, A. S. Sokolov, and E. B. Prokhortchouk, "Epigenetics of Ancient DNA," *Acta Naturae* 8, no. 3 (July–September 2016): 72–76.

12. "What Does It Mean to Be Human?" *Smithsonian National Museum of Natural History*, humanorigins.si.edu/evidence/genetics.

13. David Gokhman et al., "Reconstructing the DNA Methylation Maps of the

Neandertal and the Denisovan," *Science* 344, no. 6183 (May 2014): 523–27.

14. 关于未来人口最大值，参见 Brian Wang, "World Population Will Be Around 15-25 Billion in 2100 and Will Increase Through 2200 Because of African Fertility, Life Extension and Other Technology," *Nextbigfuture* (blog), August 27, 2015, nextbigfuture. com/2015/08/world-population-will-be-around-15-25.html.

15. Jim Erickson, "Washtenaw County Mammoth Find Hints at Role of Early Humans," *Michigan News* (blog), October 2, 2015, ns.umich.edu/new/multi media/ videos/23181-washtenaw-county-mammoth-fnd-hints-at-role-of-early -humans; "Mammoth Article Q&A—Dr. Daniel Fisher, Renowned Paleontologist," *Mostly Mammoths, Mummies and Museums* (blog), September 10, 2013, mostlymammoths. wordpress.com/2013/09/10/mammoth-article-qa-dr-daniel -fsher-renowned-paleontologist.

16. Michael Sleza,, "Megafauna Extinction: DNA Evidence Pins Blame on Climate Change" *New* Scientist, July 23, 2015, newscientist.com/article/dn27952 -megafauna-extinction-dna-evidence-pins-blame-on-climate-change; Alan Cooper, Matthew Wooler, and Tim Rabanus Wallace, "How English-Style Drizzle Killed the Ice Age's Giants," *The Conversation*, April 18, 2017, theconversation.com/how-english-style-drizzle-killed-the-ice-ages-giants-76307.

17. 关于脑部扫描和神经可塑性，参见 Panagiotis Simos et al., "Insights into Brain Function and Neural Plasticity Using Magnetic Source Imaging," *Journal of Clinical Neurophysiology* 17, no. 2 (March 2000): 143-62; Federico Bermúdez-Rattoni, ed., *Neural Plasticity and Memory: From Genes to Brain Imaging* (Boca Raton, FL: CRC Press, 2007).

18. "Human History Timeline," humanhistorytimeline.com.

19. 更多考古年代表的信息，参见 Encyclopedia Britannica Online，见词条 "Archaeogical Timescale"，britannica.com/science/archaeological-timescale.

20. "The Big Five Personality Theory," *Positive Psychology Program*, June 23, 2017, positivepsychologyprogram.com/big-fve-personality-theory.

21. 关于五大人格特质，参见 Michael Gurven, "How Universal Is the Big Five? Testing the Five-Factor Model of Personality Variation Among Forager-Farmers in the Bolivian Amazon," *Journal of Personality and Social Psychology* 104, no. 2 (February 2013): 354-70.

22. 关于对基因决定人格的观点的怀疑，参见 Robert F. Krueger et al., "The

Heritability of Personality Is Not Always 50%: Gene-Environment Interactions and Correlations Between Personality and Parenting," *Journal of Personality* 76, no. 6 (December 2008): 1485-1522.

23. Zachary A. Kaminsky et al., "DNA Methylation Profles in Monozygotic and Dizygotic Twins," *Nature Genetics* 41, no. 2 (February 2009): 240–45.

第十章 表观遗传学和暴力

1. 参见 U.S. Army War College's Strategic Studies Institute 网站：ssi.armywarcollege. edu.

2. Tim Hetherington and Sebastian, dirs., *Restrepo* (Outpost Films, 2010). Sebastian Junger, "Into the Valley of Death," *Vanity Fair*, January 2008, discusses the strategic value of the Korangal Valley.

3. Geerat J. Vermeij, "The Mesozoic Marine Revolution: Evidence from Snails, Predators and Grazers," *Paleobiology* 3, no. 3 (Summer 1977): 245–58; Steven M. Stanley, "Predation Defeats Competition on the Seafloor," *Paleobiology* 34, no. 1 (Winter 2008): 1–21.

4. George P. Chrousos, "The Glucocorticoid Receptor Gene, Longevity, and the Complex Disorders of Western Societies," *American Journal of Medicine* 117, no. 3 (August 2004): 204–7.

5. David M. Fergusson et al., "*MAOA*, Abuse Exposure and Antisocial Behaviour: 30-Year Longitudinal Study," *British Journal of Psychiatry* 198, no. 6 (May 2011): 457–63.

6. Tony Merriman and Vicky A. Cameron, "Risk-taking: Behind the Warrior Gene Story," *New Zealand Medical Journal* 120, no. 1250 (March 2007): U2440; Kevin M. Beaver et al., "Exploring the Association Between the 2-Repeat Allele of the MAOA Gene Promoter Polymorphism and Psychopathic Personality Traits, Arrests, Incarceration, and Lifetime Antisocial Behavior," *Personality and Individual Differences* 54, no. 2 (January 2014): 164–68; Hayley M. Dorfman, Andreas Meyer-Lindenberg, and Joshua W. Buckholtz, "Neurobiological Mechanisms for Impulsive-Aggression: The Role of MAOA," in *Neuroscience of Aggression*, ed. Klaus A. Miczek and Andreas MeyerLindenberg (Berlin: Springer, 2013), 297–313, https://link.springer.com /chapter/10.1007%2F7854_2013_272#

citeas.

7. Rosie Mestel, "Does the 'Aggressive Gene' Lurk in a Dutch Family?" *New Scientist*, October 30, 1993, newscientist.com/article/mg14018970-600-does-the-aggressive-gene-lurk-in-a-dutch-family.

8. Alondra Oubré, "The Extreme Warrior Gene: A Reality Check," *Scientia Salon* (blog), July 31, 2014, scientiasalon.wordpress.com/2014/07/31/the-extreme-warrior-gene-a-reality-check/comment-page-1; Sarah Knapton, "Violence Genes May Be Responsible for One in 10 Serious Crimes," *Telegraph*, October 28, 2014, telegraph.co.uk/news/science/science-news/11192643/Violence-genes-may -be-responsible-for-one-in-10-serious-crimes.html.

9. "Licking Rat Pups: The Genetics of Nurture," *Nerve Blog*, November 11, 2010, sites.bu.edu/ombs/2010/11/11/licking-rat-pups-the-genetics-of-nurture.

10. "Baby's DNA Constructed Before Birth," *The Chart* (blog), CNN.com, June 7, 2012, thechart.blogs.cnn.com/2012/06/07/babys-dna-constructed -before-birth.

11. "Licking Rat Pups."

12. Aki Takahashi and Klaus A. Miczek, "Neurogenetics of Aggressive Behavior—Studies in Rodents" in Miczek and Meyer-Lindenberg, *Neuroscience of Aggression*, 3–44.

13. 美国受虐待儿童的统计：americanspcc.org/child-abuse-statistics/.

14. Nils C. Gassen et al, "Life Stress, Glucocorticoid Signaling, and the Aging Epigenome: Implications for Aging-Related Diseases," *Neuroscience and Biobehavioral Reviews* 74B (March 2017): 356–65.

15. Anthony S. Zannas et al., "Lifetime Stress Accelerates Epigenetic Aging in an Urban, African American Cohort: Relevance of Glucocorticoid Signaling," *Genome Biology* 16 (December 2015): doi: 10.1186/s13059-015-0828-5.

16. Eric Turkheimer, "Three Laws of Behavior Genetics and What They Mean," *Current Directions in Psychological Science* 9, no. 5 (October 2000): 160–64.

17. 对中世纪暴力的描述在此：A. J. Finch, "The Nature of Violence in the Middle Ages: An Alternative Perspective," *Historical Research* 70, no. 173 (October 1997): 243-68.

18. Pieter Spierenburg, *Violence and Punishment* (Copenhagen: Polity Publishing, 2012).

19. *AM New York* 概述了纽约市的凶杀率。这是对旅游业的一次大"推广"：

Anthony M. DeStefano, "New York City Homicide Rate Lowest Since Second World War," January 1, 2018.

20. 伊莱亚斯的作品可在这里找到：www.norberteliasfoundation.nl.

21. 欧洲的凶杀率：https://www.indexmundi.com/facts/european-union/homicide-rate.

22. Marco P. Boks et al., "Longitudinal Changes of Telomere Length and Epigenetic Age Related to Traumatic Stress and Post-traumatic Stress Disorder," *Psychoneuroendocrinology* 51 (January 2015): 506–12; Amy L. Non et al., "DNA Methylation at Stress-Related Genes Is Associated with Exposure to Early Life Institutionalization," *American Journal of Physical Anthropology* 161, no. 1 (September 2016): 84–93.

23. 联邦调查局的犯罪统计可在这里找到：www.ucrdatatool.gov. 但可另见一篇评论，关于特朗普总统的行政部门是如何将联邦调查局的犯罪统计玩弄于股掌间的：Clare Malone and Jeff Asher, "The First FBI Crime Report Issued Under Trump Is Missing a Ton Of Info," October 27, 2017, *FiveThirtyEight*, fivethirtyeight.com/features/the-first-fbi-crime-report-issued-under-trump-is-missing-a-ton-of-info/.

24. 无法杀人的美国士兵的数量：www.historynet.com/men-against-fire-how-many-soldiers-actually-fired-their-weapons-at-the-enemy-during-the-vietnam-war.htm.

第十一章　饥荒和食物能改变我们的 DNA 吗?

1. Nessa Carey, *The Epigenetics Revolution: How Modern Biology Is Rewriting Our Understanding of Genetics, Disease, and Inheritance* (New York: Columbia University Press, 2012).

2. 一篇详尽的关于荷兰饥饿寒冬的科学论文：Laura C. Schultz, "The Dutch Hunger Winter and the Developmental Origins of Health and Disease," *Proceedings of the National Academy of Sciences of the United States of America* 107, no. 39: 16757–58.

3. Aryeh D. Stein and L. H. Lumey, "The Relationship Between Maternal and Offspring Birth Weights After Maternal Prenatal Famine Exposure: The Dutch Famine Birth Cohort Study," *Human Biology* 72, no. 4 (August 2000): 641–54.

4. Nicky Hart, "Famine, Maternal Nutrition and Infant Mortality: A Re-examination

of the Dutch Hunger Winter," *Population Studies* 47, no. 1 (March 1993): 27–46.

5. Alan S. Brown and Ezra S. Susser "Prenatal Nutritional Defciency and Risk of Adult Schizophrenia," *Schizophrenia Bulletin* 34, no. 6 (November 2008): 1054–63.

6. Oded Rechavi et al., "Starvation-Induced Transgenerational Inheritance of Small RNAs in *C. elegans*," *Cell* 158, no. 2 (July 2017): 277–87.

7. Adelheid Soubry et al., "Obesity-Related DNA Methylation at Imprinted Genes in Human Sperm: Results from the TIEGER Study," *Clinical Epigenetics* 8 (May 2016): doi: 10.1186/s13148-016-0217-2.

8. David Epstein, "How an 1836 Famine Altered the Genes of Children Born Decades Later," *io9*, August 26, 2013, io9.gizmodo.com/how-an-1836-famine -altered-the-genes-of-children-born-d-1200001177.

9. G. Kaati, L. O. Bygren, and S. Edvinsson, "Cardiovascular and Diabetes Mortality Determined by Nutrition During Parents' and Grandparents' Slow Growth Period," *European Journal of Human Genetics* 10, no. 11 (November 2002): 682–88.

10. Brian K. Hall, *Evolutionary Developmental Biology*, 2nd ed. (Dordrecht, Netherlands, 1999), 328.

11. Andrew B. Shreiner, John Y. Kao, and Vincent B. Young, "The Gut Microbiome in Health and in Disease," *Current Opinion in Gastroenterology* 31, no. 11 (January 2015): 69–75.

12. David R. Montgomery and Anne Biklé, *The Hidden Half of Nature: The Microbial Roots of Life and Health* (New York: W. W. Norton, 2015).

13. Mark Roth, "Suspended Animation Is Within Our Grasp," Ted Talk, February 2010, www.ted.com/talks/mark_roth_suspended_animation.

14. Richard G. Hunter, "Epigenetic Effects of Stress and Corticosteroids in the Brain," *Frontiers in Cellular Neuroscience* 6 (April 2012): doi: 10.3389/fncel.2012 .00018.

第十二章　大流行病的可遗传后遗症

1. 关于给病人放血，参见 Jennie Cohen, "A Brief History of Bloodletting," History Stories (blog), *History.com*, May 30, 2012, history.com/news/a-brief-history-of-bloodletting.

2. 这是篇优秀的介绍人类历史上大流行病的文章："Deadly Diseases: Epidemics throughout History," CNN, www.cnn.com/interactive/2014/10/health/epidemics-through-history/. 这里有一段历史影像：Charlie Sorrel, "The Epidemics That Have Defined Human History, in One Chart," *Fast Company*, March 2, 2016, www.fastcompany.com/3057256/the-epidemics-that-have-defined-human-history-in-one-chart.

3. 这篇文章详细描述了铁在抗击疾病中的作用，尤其是在腺鼠疫中：Bradley Wertheim, "The Iron in Our Blood That Keeps and Kills Us," *Atlantic*, January 10, 2013, https://www.theatlantic.com/health/archive/2013/01/the-iron-in-our-blood-that-keeps-and-kills-us/266936/.

4. 这里列举了腺鼠疫的具体时间和地点：www.history.com/topics/black-death.

5. 前一章讨论了压力的使人衰弱的作用。最好的资料来源之一是 George P. Chrousos, "The Glucocorticoid Receptor Gene, Longevity, and the Complex Disorders of Western Societies," *American Journal of Medicine* 117, no. 3 (August 2004): 204-7.

6. 关于上帝基因和囊泡单胺转运体，参见 Linda A. Silveira, "Experimenting with Spirituality: Analyzing *The God Gene* in a Nonmajors Laboratory Course," *CBE-Life Sciences Education* 7, no. 1 (Spring 2008): 132-45; Dean Hamer, *The God Gene: How Faith Is Hardwired into Our Genes* (New York: Anchor, 2005); P. Z. Myers, "No God, and No 'God Gene,' Either," *Pharyngula*, February 13, 2005, archived from the original on October 3, 2009, http://web.archive.org/web/20091003213607/http://pharyngula.org/index/weblog/comments/no_god_and no god_gene either/; Carl Zimmer, "Faith-Boosting Genes: A Search for the Genetic Basis of Spirituality," *Scientific American*, October 2004.

7. "Neurotheology: This Is Your Brain on Religion," Talk of the Nation, December 15, 2010, npr.org/2010/12/15/132078267/neurotheology-where-religion-and-science-collide.

8. 同上；所观察到的自诩为无神论者的大脑反应：blog.al.com/wire/2014/01/religious_brains_function_diff.html.

9. 关于囊泡单胺转运体和激素的产生，参见 "University Hospital, Marseille: Expression of Somatostatin Receptors, Dopamine D2 Receptors, Noradrenaline Transporters, and Vesicular Monoamine Transporters in 52 Pheochromocytomas and Paragangliomas," in *Pituitary Hormone Release Inhibiting Hormones—Advances in Research and Application*, Q Ashton Acton, ed. (Atlanta: ScholarlyEditions, 2012), 62-63.

10. Leah Marieann Klett, "Groundbreaking New Study Finds Cancer Patients Who

Believe in God Experience Less Symptoms, Greater Emotional Health," *Gospel Herald*, August 11, 2015, gospelherald.com/articles/57069/20150811/ground breaking-new-study-fnds-cancer-patients-who-believe-in-god-experience-less -symptoms-greater-emotional-health.htm.

第十三章　现在的化学物质

1. 关于源自毒素的表观遗传的研究历史，更多信息参见 Andrea Baccarelli and Valentina Bollati, "Epigenetics and Environmental Chemicals," *Current Opinion in Pediatrics* 21, no. 2 (April 2009): 243-51.

2. 关于过去几十年间环境中化学物质含量的增加及其影响，参见 Stella Marie Reamon-Buettner, Vanessa Mutschler, and Juergen Borlak, "The Next Innovation Cycle in Toxicogenomics: Environmental Epigenetics," *Mutation Research* 659, no. 1–2 (July–August 2008): 158-65; Randy L. Jirtle and Michael K. Skinner, "Environmental Epigenomics and Disease Susceptibility," *Nature Reviews: Genetics* 8, no. 4 (April 2007): 253-62.

3. Bruce A. Fowler et al., "Oxidative Stress Induced by Lead, Cadmium and Arsenic Mixtures: 30-Day, 90-Day, and 180-Day Drinking Water Studies in Rats: An Overview," *Biometals* 17, no. 5 (October 2004): 567–68.

4. Samuel M. Goldman, "Environmental Toxins and Parkinson's Disease," *Annual Review of Pharmacology and Toxicology* 54 (2014): 141–64.

5. Pan Chen et al., "Age- and Manganese-Dependent Modulation of Dopaminergic Phenotypes in *C. Elegans* DJ-1 Genetic Model of Parkinson's Disease," *Metallomics* 7, no. 2 (February 2015): 289–98.

6. 在人类母乳中发现了化学物质的相关内容可在 *Forbes* 杂志近期的一篇报道中找到：Tara Haelle, "How Toxic Is Your Breastmilk?" August 21, 2015, www.forbes.com/sites/tarahaelle/2015/08/21/how-toxic-is-your-breastmilk/.

7. 美国男性的精子数量正在下降：Rob Stein, "Sperm Counts Plummet in Western Men, Study Finds," NPR, July 31, 2017, www.npr.org/2017/07/31/539517210/sperm-counts-plummet-in-western-men-study-finds.

8. 2015 年的几大杀虫剂生产商：California Department of Pesticide Regulation,

"Pesticide Use Reporting—2015 Summary Data," www.cdpr.ca.gov/docs/pur/pur15rep/15_pur.htm.

9. Michael K. Skinner, "A New Kind of Inheritance," *Scientific American*, August 2013, 44-51. Randy L. Jirtle and Michael K. Skinner, "Environmental Epigenomics and Disease Susceptibility," *Nature Reviews: Genetics* 8, no. 4 (April 2007): 253-62. Skinner 所在大学的一篇文章介绍了他的研究工作，可以在这里找到：Eric Sorensen, "WSU Researchers See Popular Herbicide Affecting Health Across Generations," *WSU News*, September 20, 2017, news.wsu.edu/2017/09/20/herbicide-affecting-health-across-generations；他发表的全部论著清单在此：skinner.wsu.edu/publications；这篇关于 Skinner 研究工作的文章中还包括了一段 *Scientific American* 制作的视频：W. Wayt Gibbs, "Can We Inherit the Environmental Damage Done to Our Ancestors," ScientificAmerican.com, July 15, 2014, scientificamerican.com/article/can-we-inherit-the-environmental-damage-done-to-our-ancestors-video. 但更有趣的是一篇出现在 *Smithsonian* 上的文章，它囊括了一些 Skinner 的名言：Jeneen Interlandi, "The Toxins That Affected Your Great-grandparents Could Be in Your Genes," *Smithsonian*, December 2013, smithsonianmag.com/innovation/the-toxins-that-affected-your-great-grandparents-could-be-in-your-genes-180947644.10. Daniel Beck, Ingrid Sadler-Riggleman, and Michael K. Skinner, "Generational Comparisons (F1 Versus F3) of Vinclozolin Induced Epigenetic Transgenerational Inheritance of Sperm Differential DNA Methylation Regions (Epimutations) Using MeDIP-Seq," *Environmental Epigenetics* 3, no. 3 (July 2017): 1-12.

10. 美国大麻吸食现状：www.cdc.gov/mmwr/volumes/65/ss/ss6511a1.htm，以及 Christopher Ingraham, "11 Charts That Show Marijuana Has Truly Gone Mainstream," *Washington Post*, April 19, 2017, www.washingtonpost.com/news/wonk/wp/2017/04/19/11-charts-that-show-marijuana-has-truly-gone-mainstream/?utm_term=.b66a4ff54a0b.

11. Henrietta Szutorisz and Yasmin L. Hurd, "Epigenetic Effects of Cannabis Exposure," *Biological Psychiatry* 79, no. 7 (April 2016): 586–94.

12. Yasmin L. Hurd, "Multigenerational Epigenetic Effects of Cannabis Exposure," *Grantome*, National Institutes of Health (2012–17), http://grantome.com/grant /NIH/R01-DA033660-01.

13. 关于尼古丁和不育，参见 Bailey Kirkpatrick, "Nicotine Could Cause Epigenetic Changes to Testes and Compromise Fertility," *What Is Epigenetics* (blog), March 29,

2016, whatisepigenetics.com/nicotine-could-cause-epigenetic-changes-to-testes-and-compromise-fertility；关于吸烟、表观遗传和癌症：Chien-Hung Lee et al., "Independent and Combined Effects of Alcohol Intake, Tobacco Smoking and Betel Quid Chewing on the Risk of Esophageal Cancer in Taiwan," *International Journal of Cancer* 113, no. 3 (January 2005): 475-82; Yiping Huang et al., "Cigarette Smoke Induces Promoter Methylation of Single-Stranded DNA-Binding Protein 2 in Human Esophageal Squamous Cell Carcinoma," *International Journal of Cancer* 128, no. 10 (May 15, 2011): 2261-73.

14. 关于表观遗传学和吸食硬毒品，参见 David A. Nielsen et al., "Epigenetics of Drug Abuse: Predisposition or Response," *Pharmacogenomics* 13, no. 10 (August 2012): 1149-60.

15. James P. Curley, Rahia Mashoodh, and Frances A. Champagne, "Epigenetics and the Origins of Paternal Effects," *Hormones and Behavior* 59, no. 3 (March 2011): 306–14.

16. 同上。槟榔的影响绝没有被高估：www.webmd.com/vitamins/ai/ingredientmono-995/betel-nut.

17. Ernest Abel "Paternal Contribution to Fetal Alcohol Syndrome," *Addiction Biology* 9, no. 2 (June 2004): 127–33, 135–36.

18. Abigail Tracy, "This May Be the Lamest Viral-Marketing Campaign Ever," *Vocativ*, September 26, 2014, vocativ.com/money/business/gestations-bar-for -pregnant-women-viral-marketing-stunt/index.html.

第十四章　CRISPR-Cas9 世界的未来生物进化

1. Gregory Cochran and Henry Harpending, *The 10,000 Year Explosion: How Civilization Accelerated Human Evolution* (New York: Basic Books, 2010). On Harpending: https://www.splcenter.org/fghting-hate/extremist-fles/individual /henry-harpending.

2. Luis B. Barreiro et al., "Natural Selection Has Driven Population Differentiation in Modern Humans," *Nature Genetics* 40, no. 3 (March 2008): 340–45.

3. Megan Gannon, "Race Is a Social Construct, Scientists Argue," *Scientifc American*, February 5, 2016, scientifcamerican.com/article/race-is-a-social-const ruct-scientists-argue.

4. Jeffrey C. Long and Rick A. Kittles, "Human Genetic Diversity and the Nonexistence of Biological Races," *Human Biology* 75, no. 4 (August 2003): 449–71.

5. Elizabeth Weise, "Sixty Percent of Adults Can't Digest Milk," *USA Today*, abcnews.go.com/Health/WellnessNews/story?id=8450036.

6. 关于来自自然选择的拉沙热的抗性：Kristian G. Andersen, "Genome-Wide Scans Provide Evidence for Positive Selection of Genes Implicated in Lassa Fever," *Philosophical Transactions of the Royal Society B: Biological Sciences* 367, no. 1590 (March 2012): 868-77.

7. 关于 CRISPR 的危险性，参见 Heidi Ledford, "CRISPR, the Disruptor," *Nature* 522, no. 7554 (June 2015): 20-24。作为对比，参见这篇 2017 年化工行业出版物上的宣传文章：Melody M. Bomgardner, "CRISPR: A New Toolbox for Better Crops," *Chemical & Engineering News* 95, no. 24 (June 2017): 30-34.

8. 关于 CRISPR 作为一种生化武器的生产方式的威胁评估，参见 Antonio Regalado, "Top U.S. Intelligence Official Calls Gene Editing a WMD Threat," *MIT Technology Review*, February 9, 2016, technologyreview.com/s/600774/top-us-intelligence-official-calls-gene-editing-a-wmd-threat.

9. George Dvorsky, "Gene-Edited Dogs with Jacked-Up Muscles Are a World's First," *Gizmodo*, October 20, 2015, gizmodo.com/gene-edited-dogs-with-jacked -up-muscles-are-a-worlds-f-1737545538.

10. 关于中国科学怪狗的照片，参见 Tina Heisman Saey, "Muscle-Gene Edit Creates Buff Beagles," *Science News*, October 23, 2015, sciencenews.org/article/muscle-gene-edit-creates-buff-beagles.

11. 迄今为止，美国有 1 亿美元的军事资金投资于设计用于战争的生物。

12. Paul A. Philips, "DARPA: Genetically Modifed Humans for a Super Soldier Army," *Activist Post*, October 11, 2015, activistpost.com/2015/10/darpa-gene tically-modifed-humans-for-a-super-soldier-army.html.

13. Shivali Best, "Genetically-Modifed Superhuman Soldiers of the Future Will Feel No Pain or Fear and Be More 'Destructive' Than Nuclear Bombs,' Warns Vladimir Putin," *Daily Mail*, October 23, 2017, dailymail.co.uk/sciencetech /article-5008461/Vladimir-Putin-warns-super-human-soldiers-future.html #ixzz52nb4njna.

14. Kelly Servick, "First U.S. Team to Gene-Edit Human Embryos" *Science*, July 27, 2017, sciencemag.org/news/2017/07/frst-us-team-gene-edit-human-embryos -revealed.

结语　展望未来

1. 美国人的精子数量在近 40 年间持续下降：Rob Stein, "Sperm Counts Plummet in Western Men, Study Finds," NPR, July 31, 2017, www.npr.org/2017/07/31/539517210/sperm-counts-plummet-in-western-men-study-finds.

2. Mike Skinner 的简介：Eric Sorensen, "WSU Researchers See Popular Herbicide Affecting Health Across Generations," *WSU News*, September 20, 2017.

3. The Intergovernmental Panel on Climate Change (IPCC): www.ipcc.ch.

4. Peter Ward, *Our Flooded Earth* (New York: Basic Books, 2012).

5. 2017 年的新地图模拟了地球上每年有两百多天气温在 100 华氏度以上的地方，也就是几乎相当于 40 摄氏度的地方。这个模型是对 2100 年的预测。天气正越来越热，同时水分则以骇人而致命的暴雨和雨季的形式出现，这些目前还仍然局限于一直都是"季风"气候的地区。半年是无尽的降雨，半年则身陷酷暑。美国的相关信息：www.climatecentral.org/news/summer-temperatures-co2-emissions-1001-cities-16583. 关于全球的图像：mashable.com/2017/07/06/climate-change-shifting-cities-hotter-summers/#INHvb2sxEiq3.

6. 2017 年休斯顿的特大洪水：Jason Samenow, Angela Fritz, and Greg Porter, "Catastrophic Flooding 'Beyond Anything Experienced' in Houston and 'Expected to Worsen,' " *Washington Post*, August 27, 2017, www.washingtonpost.com/news/capital-weather-gang/wp/2017/08/27/catastrophic-flooding-underway-in-houston-as-harvey-lingers-over-texas/.

7. 一个至关重要却被忽视的科学发现是，压力会增加突变率，而这又会加快进化速率。在有压力的环境中，事物进化得更快：Rodrigo Galhardo, P. Hastings and Susan Rosenberg. "Mutation as a Stress Response and the Regulation of Evolution," *Critical Reviews Biochemistry and Molecular Biology* 42 (2007): 399-435.

8. Thomas Malthus, *An Essay on the Principle of Population . . .* (London: J. Johnson, 1798).

9. Daniel Kolitz, "Can Superhuman Mutants Be Living Among Us?" *Gizmodo*, June 5, 2017, gizmodo.com/can-superhuman-mutants-be-living-amongst-us -1795696308.

10. 关于那个认为美国正在经历压力流行病的坏蛋教授，参见 Dan Jackson, "Prof: 'Stress' of Trump Election Will Change Human Evolution," *Campus*

Reform, June 8, 2017, https://www.campusreform.org/?ID=9284; Nicholas Staropoli, "Epigenetics Around the Web: Trump Isn't Affecting Human Evolution and Organic Produce Isn't Helping Your Sperm," *Epigenetics Literacy Project*, June 19 2017, epigeneticsliteracyproject.org/blog/epigenetics-around-web-trump-isnt-affecting-human-evolution-organic-produce-isnt-helping-sperm.

11. Michael Sleza, "Megafauna Extinction: DNA Evidence Pins Blame on Climate Change," *New Scientist*, July 23, 2015, newscientist.com/article/dn27952 -megafauna-extinction-dna-evidence-pins-blame-on-climate-change; Alan Cooper, Matthew Wooler, and Tim Rabanus Wallace, "How English-Style Drizzle Killed the Ice Age's Giants," *The Conversation*, April 18, 2017, thecon versation.com/how-english-style-drizzle-killed-the-ice-ages-giants-76307.

12. Arthur C. Clarke, "Hazards of Prophecy: The Failure of Imagination," *Profles of the Future: An Inquiry into the Limits of the Possible* (New York: Harper & Row, 1962), 14.

著作版权合同登记号：01-2020-5548

图书在版编目（CIP）数据

拉马克的复仇：表观遗传学的大变革／（美）彼得·沃德著；赵佳媛译．
——北京：新星出版社，2020.12
ISBN 978-7-5133-4075-5

Ⅰ.①拉… Ⅱ.①彼… ②赵… Ⅲ.①表观遗传学－普及读物 Ⅳ.① Q3-49

中国版本图书馆 CIP 数据核字（2020）第 101958 号

新未来

拉马克的复仇：表观遗传学的大变革

[美] 彼得·沃德 著；赵佳媛 译

出版策划：姜 淮 黄 艳
责任编辑：杨 猛
责任校对：刘 义
责任印制：李珊珊
封面设计：宋 涛

出版发行：新星出版社
出 版 人：马汝军
社 址：北京市西城区车公庄大街丙3号楼 100044
网 址：www.newstarpress.com
电 话：010-88310888
传 真：010-65270449
法律顾问：北京市岳成律师事务所

读者服务：010-88310811 service@newstarpress.com
邮购地址：北京市西城区车公庄大街丙3号楼 100044

印 刷：北京美图印务有限公司
开 本：660mm×970mm 1/16
印 张：17.5
字 数：210千字
版 次：2020年12月第一版 2020年12月第一次印刷
书 号：ISBN 978-7-5133-4075-5
定 价：56.00元